NCS *원턴킬*

한식조리기능사
실기시험문제

  에듀크라운 국가자격시험문제 전문출판

 크라운출판사
국가자격시험문제 전문출판
http://www.crownbook.co.kr

윤경희

- 초당대학교 대학원(조리과학과) 석사
- 법무부 수용자 교정 직업훈련교사(고봉중, 고등학교)
- 금양식품 연구소 서울 메뉴개발 연구원
- 전 국가기술자격 조리기능사 실기시험 감독위원
- 국가공인 조리기능장(복어, 한식)
- 한국조리협회 상임이사
- 한국조리기능장협회 민간소스 자격부 부장
- 고용노동부 스타훈련교사 위촉 2023년
- 5년 우수훈련기관 용인한쿡외식문화학원 원장
- 2024년 직업능력개발유공 정부포상자
- 2024년 9월 직업능력의 달 유공자 장관 표창 수상

민경미

- 청운대학교 대학원(호텔조리과) 석사
- 가톨리관동대학교 대학원(호텔조리과)박사
- 계원예술대학교 평생교육원(호텔조리과) 외래교수
- 평생학습관(평택, 수원, 안양) 강사
- 국가기술자격 조리기능사 실기시험 감독위원
- 국가기술자격 조리기능장 실기시험 감독위원
- 국가기술자격 떡제조기능사 실기시험 감독위원
- 국가공인 조리기능장

민경선

- 백석대 호텔조리과 졸업
- 한국방송통신대학교 식품영양학과 졸업
- 위생사, 영양사, 실기교사, 직업훈련교사 자격보유
- 현) 한쿡외식문화학원 재직 중

최입선

- 현) 한쿡외식문화학원 조리훈련교사 재직 중
- 직업훈련교사 자격보유
- 세종대학교 조리경영학과 졸업

과거 한식 요리문화는 그저 생존을 위한 수단으로만 존재했지만 시대가 흐르면서 최근에는 한식에서도 미식을 추구하는 것이 새로운 트렌드로 자리 잡았습니다. 이는 한식이 단순히 영양을 섭취하여 신체 활동을 원활하게 하는 것을 넘어 맛, 분위기를 미식의 영역까지 발전 했다는 것을 의미합니다.

이러한 한식 요리문화를 세계적으로 어필하고 다양한 수요층을 만족시키는 등의 발전을 이룩하기 위해서는 한국인 쉐프들의 역할이 클 것이라 생각합니다. 이에 이번 교재는 기존의 교재 내용을 바탕으로 한국산업인력공단의 출제기준을 철저히 반영하여 정확하고 체계적으로 작품을 만들 수 있도록 구성하였습니다.

- 한식 조리 33가지 메뉴 모두를 과정별 사진을 컬러로 수록하고 각각의 조리 과정을 상세하게 설명하였으며 합격에 도움이 되는 포인트를 추가로 덧붙여 조리 과정에 대한 이해를 높였습니다.
- 조리기능사 직업교육을 토대로 쌓은 경험을 토대로 수험생들이 혼자서도 실습하는 데 어려움이 없도록 각 과정마다 자세한 설명을 덧붙였습니다.
- 20년 경력의 강의를 통해 얻어온 모든 것을 수험생들에게 나눠주기 위해 재료 하나하나의 조리법을 세부적으로 설명하였습니다.
- 2저자(윤경희)는 2023년 고용노동부 엄격한 심사를 통해 스타훈련교사라는 타이틀을 부여받아 직업훈련교사로 최고임을 인정받았습니다.

이 교재가 우리의 전통음식을 계승하고 연구하여 세계적인 요리로 발전시키고자 하는 예비 한식조리기능사에게 꼭 합격의 영광을 안겨줄 수 있기를 기원합니다.

저자 일동

목차

한식조리기능사 실기시험 안내

한식조리기능사 자격증 취득과정 실전안내

1 응시자격

● 성별, 연령, 학력 등 응시자격에 제한이 없다.
- 직무내용 : 한식조리 부분에 배속되어 제공될 음식에 대한 기초 계획을 세우고 식재료를 구매, 관리, 손질하여 맛, 영양, 위생적인 음식을 조리하고 조리기구 및 시설관리를 유지하는 직무
- 수행준거 : 한식의 고유한 형태와 맛을 표현할 수 있다.
● 식재료의 특성을 이해하고 용도에 맞게 손질할 수 있다.
● 한식 조리에 필요한 식재료의 분량과 양념의 비율을 맞출 수 있다.
● 조리과정의 순서를 알고 적절한 도구를 사용할 수 있다.
● 기초조리기술을 능숙하게 할 수 있다.
● 완성한 음식을 적절한 그릇을 선택하여 담는 원칙에 따라 모양 있게 담을 수 있다.
● 조리과정이 위생적이고, 정리정돈을 잘 할 수 있다.

2 실기시험

● 한식조리 33가지 품목 중 2가지(약 70분 내지 소요)를 작업형으로 진행하며, 100점 만점에 60점 이상이 되어야 합격한다.
● 위생과 안전점수가 각각 5점씩으로 포함된다.
● 연중 상시 시행
- 필기시험 : 월요일부터 금요일까지 주중 시행을 원칙으로 함
- 실기시험 : 월요일부터 금요일까지 주중 시행을 원칙으로 하되, 시행 기간 내 홀수 회차는 토요일, 짝수 회차는 일요일에 추가 시행 가능(http://www.q-net.or.kr)
- 정기검정 시행 기간, 시험장 상황에 따라 상시검정 시행 일정이 조정될 수 있음
● 신분증 반드시 지참(미지참시 시험 응시불가)

3 수험원서 접수방법

원서 접수 장소 : 한국산업인력공단(http://www.q-net.or.kr)

4 합격자 발표방법

- 자동안내전화(ARS) : 1666 – 0100(실기시험만 해당)
- 인터넷 : http://www.q-net.or.kr
- 필기시험(CBT)은 시험종료 즉시 합격 여부 확인이 가능, 별도 ARS 자동응답 전화를 통한 합격자 발표 미운영
- 실기시험 합격자 발표 시간 : 해당 발표일 09 : 00

5 자격증 교부

- 상장형자격증 : 수험자가 직접 인터넷을 통해 발급 · 출력
- 수첩형자격증 : 인터넷 신청 후 우편배송만 가능
- ※ 방문 발급 및 인터넷 신청 후 방문 수령 불가

출제기준(실기)

직무분야	음식서비스	중직무분야	조리	자격종목	한식조리기능사	적용기간	2023.1.1. ~ 2025.12.31.

● 직무내용 : 한식메뉴 계획에 따라 식재료를 선정, 구매, 검수, 보관 및 저장하며 맛과 영양을 고려하여 안전하고 위생적으로 음식을 조리하고 조리기구와 시설관리를 수행하는 직무이다.

● 수행준거 :
1. 음식조리 작업에 필요한 위생관련 지식을 이해하고, 주방의 청결상태와 개인위생 · 식품위생을 관리하여 전반적인 조리작업을 위생적으로 수행할 수 있다.
2. 한식조리를 수행함에 있어 칼 다루기, 기본 고명 만들기, 한식 기초 조리법 등 기본적인 지식을 이해하고 기능을 익혀 조리업무에 활용할 수 있다.
3. 쌀을 주재료로 하거나 혹은 다른 곡류나 견과류, 육류, 채소류, 어패류 등을 섞어 물을 붓고 강약을 조절하여 호화되게 밥을 조리할 수 있다.
4. 곡류 단독으로 또는 곡류와 견과류, 채소류, 육류, 어패류 등을 함께 섞어 물을 붓고 불의 강약을 조절하여 호화되게 죽을 조리할 수 있다.
5. 육류나 어류 등에 물을 많이 붓고 오래 끓이거나 육수를 만들어 채소나 해산물, 육류 등을 넣어 한식 국 · 탕을 조리할 수 있다.
6. 육수나 국물에 장류나 젓갈로 간을 하고 육류, 채소류, 버섯류, 해산물류를 용도에 맞게 썰어 넣고 함께 끓여서 한식 찌개를 조리할 수 있다.
7. 육류, 어패류, 채소류 등의 재료를 익기 쉽게 썰고 그대로 혹은 꼬치에 꿰어서 밀가루와 달걀을 입힌 후 기름에 지져서 한식 전 · 적 조리를 할 수 있다.
8. 채소를 살짝 절이거나 생것을 영념하여 생채 · 회조리를 할 수 있다.

실기검정방법	작업형	시험시간	70분 정도

실기 과목명	주요항목	세부항목	세세항목
한식 조리 실무	1. 음식 위생관리	1. 개인위생 관리 하기	1. 위생관리기준에 따라 조리복, 조리모, 앞치마, 조리안전화 등을 착용할 수 있다 2. 두발, 손톱, 손 등 신체청결을 유지하고 작업수행 시 위생습관을 준수할 수 있다. 3. 근무 중의 흡연, 음주, 취식 등에 대한 작업장 근무수칙을 준수할 수 있다. 4. 위생관련법규에 따라 질병, 건강검진 등 건강상태를 관리하고 보고할 수 있다.
		2. 식품위생 관리하기	1. 식품의 유통기한 · 품질 기준을 확인하여 위생적인 선택을 할 수 있다. 2. 채소 · 과일의 농약 사용여부와 유해성을 인식하고 세척할 수 있다. 3. 식품의 위생적 취급기준을 준수할 수 있다. 4. 식품의 반입부터 저장, 조리과정에서 유독성, 유해물질의 혼입을 방지할 수 있다.

실기 과목명	주요항목	세부항목	세세항목
		3. 주방위생 관리하기	1. 주방 내에서 교차오염 방지를 위해 조리생산 단계별 작업공간을 구분하여 사용할 수 있다. 2. 주방위생에 있어 위해요소를 파악하고, 예방할 수 있다. 3. 주방, 시설 및 도구의 세척, 살균, 해충·해서 방제작업을 정기적으로 수행할 수 있다. 4. 시설 및 도구의 노후상태나 위생상태를 점검하고 관리할 수 있다. 5. 식품이 조리되어 섭취되는 전 과정의 주방 위생 상태를 점검하고 관리할 수 있다. 6. HACCP 적용업장의 경우 HACCP 관리기준에 의해 관리할 수 있다.
	2. 음식 안전관리	1. 개인안전 관리하기	1. 안전관리지침서에 따라 개인 안전관리 점검표를 작성할 수 있다. 2. 개인안전사고 예방을 위해 도구 및 장비의 정리정돈을 상시 할 수 있다. 3. 주방에서 발생하는 개인 안전사고의 유형을 숙지하고 예방을 위한 안전수칙을 지 킬 수 있다. 4. 주방 내 필요한 구급품이 적정 수량 비치되었는지 확인하고 개인 안전 보호 장비 를 정확하게 착용하여 작업할 수 있다. 5. 개인이 사용하는 칼에 대해 사용안전, 이동안전, 보관안전을 수행할 수 있다. 6. 개인의 화상사고, 낙상사고, 근육팽창과 골절사고, 절단사고, 전기기구에 의한 전 기 쇼크 사고, 화재사고와 같은 사고 예방을 위해 주의사항을 숙지하고 실천할 수 있다. 7. 개인 안전사고 발생 시 신속 정확한 응급조치를 실시하고 재발 방지 조치를 실행 할 수 있다.
		2. 장비·도구 안전작업하기	1. 조리장비·도구에 대한 종류별 사용방법에 대해 주의사항을 숙지할 수 있다. 2. 조리장비·도구를 사용 전 이상 유무를 점검할 수 있다. 3. 안전 장비류 취급 시 주의사항을 숙지하고 실천할 수 있다. 4. 조리장비·도구를 사용 후 전원을 차단하고 안전수칙을 지키며 분해하여 청소할 수 있다. 5. 무리한 조리장비·도구 취급은 금하고 사용 후 일정한 장소에 보관하고 점검할 수 있다. 6. 모든 조리장비·도구는 반드시 목적 이외의 용도로 사용하지 않고 규격품을 사용 할 수 있다.

실 기 과목명	주요항목	세부항목	세세항목
		3. 작업환경 안전관리하기	1. 작업환경 안전관리 시 작업환경 안전관리 지침서를 작성할 수 있다. 2. 작업환경 안전관리 시 작업장 주변 정리 정돈 등을 관리 점검할 수 있다. 3. 작업환경 안전관리 시 제품을 제조하는 작업장 및 매장의 온 · 습도관리를 통하여 안전사고요소 등을 제거할 수 있다. 4. 작업장 내의 적정한 수준의 조명과 환기, 이물질, 미끄럼 및 오염을 방지할 수 있다. 5. 작업환경에서 필요한 안전관리시설 및 안전용품을 파악하고 관리할 수 있다. 6. 작업환경에서 화재의 원인이 될 수 있는 곳을 자주 점검하고 화재진압기를 배치 하고 사용할 수 있다. 7. 작업환경에서의 유해, 위험, 화학물질을 처리기준에 따라 관리할 수 있다. 8. 법적으로 선임된 안전관리책임자가 정기적으로 안전교육을 실시하고 이에 참여 할 수 있다.
	3. 한식 기초 조리실무	1. 기본 칼 기술 습득하기	1. 칼의 종류와 사용용도를 이해할 수 있다. 2. 기본 썰기 방법을 습득할 수 있다. 3. 조리목적에 맞게 식재료를 썰 수 있다. 4. 칼을 연마하고 관리할 수 있다.
		2. 기본 기능 습득하기	1. 한식 기본양념에 대한 지식을 이해하고 습득할 수 있다. 2. 한식 고명에 대한 지식을 이해하고 습득할 수 있다. 3. 한식 기본 육수조리에 대한 지식을 이해하고 습득할 수 있다. 4. 한식 기본 재료와 전처리 방법, 활용방법에 대한 지식을 이해하고 습득할 수 있다.
		3. 기본 조리법 습득하기	1. 한식의 종류와 상차림에 대한 지식을 이해하고 습득할 수 있다. 2. 조리도구의 종류 및 용도를 이해하고 적절하게 사용할 수 있다. 3. 식재료의 정확한 계량방법을 습득할 수 있다. 4. 한식 기본 조리법과 조리원리에 대한 지식을 이해하고 습득할 수 있다.
	4. 한식 밥 조리	1. 밥 재료 준비하기	1. 쌀과 잡곡의 비율을 필요량에 맞게 계량할 수 있다. 2. 쌀과 잡곡을 씻고 용도에 맞게 불리기를 할 수 있다. 3. 부재료는 조리법에 맞게 손질할 수 있다. 4. 돌솥, 압력솥 등 사용할 도구를 선택하고 준비할 수 있다.
		2. 밥 조리하기	1. 밥의 종류와 형태에 따라 조리시간과 방법을 조절할 수 있다. 2. 조리도구, 조리법과 쌀, 잡곡의 재료특성에 따라 물의 양을 가감할 수 있다. 3. 조리도구와 조리법에 맞도록 화력조절, 가열시간 조절, 뜸들이기를 할 수 있다.
		3. 밥 담기	1. 밥에 따라 색, 형태, 분량 등을 고려하여 그릇을 선택할 수 있다. 2. 밥을 따뜻하게 담아낼 수 있다. 3. 조리종류에 따라 나물 등 부재료와 고명을 얹거나 양념장을 곁들일 수 있다.

실 기 과목명	주요항목	세부항목	세세항목
	5. 한식 죽조리	1. 죽 재료 준비하기	1. 사용할 도구를 선택하고 준비할 수 있다. 2. 쌀 등 곡류와 부재료를 필요량에 맞게 계량할 수 있다. 3. 곡류를 종류에 맞게 불리기를 할 수 있다. 4. 조리법에 따라서 쌀 등 재료를 갈거나 분쇄할 수 있다. 5. 부재료는 조리법에 맞게 손질할 수 있다.
		2. 죽 조리하기	1. 죽의 종류와 형태에 따라 조리시간과 방법을 조절할 수 있다. 2. 조리도구, 조리법, 쌀과 잡곡의 재료특성에 따라 물의 양을 가감할 수 있다. 3. 조리도구와 조리법, 재료특성에 따라 화력과 가열시간을 조절할 수 있다.
		3. 죽 담기	1. 죽에 따라 색, 형태, 분량 등을 고려하여 그릇을 선택할 수 있다. 2. 죽을 따뜻하게 담아낼 수 있다. 3. 조리종류에 따라 고명을 올릴 수 있다.
	6. 한식 국·탕 조리	1. 국·탕 재료 준비하기	1. 조리 종류에 맞추어 도구와 재료를 준비할 수 있다. 2. 조리에 사용하는 재료를 필요량에 맞게 계량할 수 있다. 3. 재료에 따라 요구되는 전 처리를 수행할 수 있다. 4. 찬물에 육수재료를 넣고 끓이는 시간과 불의 강도를 조절할 수 있다. 5. 끓이는 중 부유물을 제거하여 맑은 육수를 만들 수 있다. 6. 육수의 종류에 따라 적정 온도로 보관할 수 있다.
		2. 국·탕 조리 하기	1. 물이나 육수에 재료를 넣어 끓일 수 있다. 2. 부재료와 양념을 적절한 시기와 분량에 맞춰 첨가할 수 있다. 3. 조리 종류에 따라 끓이는 시간과 화력을 조절할 수 있다. 4. 국·탕의 품질을 판정하고 간을 맞출 수 있다.
		3. 국·탕 담기	1. 국·탕에 따라 색, 형태, 분량 등을 고려하여 그릇을 선택할 수 있다. 2. 국·탕은 조리특성에 따라 적정한 온도로 제공할 수 있다. 3. 국·탕은 국물과 건더기의 비율에 맞게 담아낼 수 있다. 4. 국·탕의 종류에 따라 고명을 활용할 수 있다.
	7. 한식 찌개 조리	1. 찌개 재료 준비하기	1. 조리종류에 따라 도구와 재료를 할 수 있다. 2. 조리에 사용하는 재료를 필요량에 맞게 계량할 수 있다. 3. 재료에 따라 요구되는 전처리를 수행할 수 있다. 4. 찬물에 육수 재료를 넣고 서서히 끓일 수 있다. 5. 끓이는 중 부유물과 기름이 떠오르면 걷어내어 제거할 수 있다. 6. 조리종류에 따라 끓이는 시간과 불의 강도를 조절할 수 있다.
		2. 찌개 조리하기	1. 채소류 중 단단한 재료는 데치거나 삶아서 사용할 수 있다. 2. 조리법에 따라 재료는 양념하여 밑간할 수 있다. 3. 육수에 재료와 양념의 첨가 시점을 조절하여 넣고 끓일 수 있다.

실기 과목명	주요항목	세부항목	세세항목
		3. 찌개 담기	1. 찌개에 따라 색, 형태, 분량 등을 고려하여 그릇을 선택할 수 있다. 2. 조리 특성에 맞게 건더기와 국물의 양을 조절할 수 있다. 3. 온도를 뜨겁게 유지하여 제공할 수 있다.
	8. 한식 전 · 적 조리	1. 전 · 적 재료 준비하기	1. 전 · 적의 조리종류에 따라 도구와 재료를 준비할 수 있다. 2. 조리에 사용하는 재료를 필요량에 맞게 계량할 수 있다. 3. 전 · 적의 종류에 따라 재료를 전 처리하여 준비할 수 있다.
		2. 전 · 적 조리하기	1. 밀가루, 달걀 등의 재료를 섞어 반죽 물 농도를 맞출 수 있다. 2. 조리의 종류에 따라 속 재료 및 혼합재료 등을 만들 수 있다. 3. 주재료에 따라 소를 채우거나 꼬치를 활용하여 전 · 적의 형태를 만들 수 있다. 4. 재료와 조리법에 따라 기름의 종류 · 양과 온도를 조절하여 지져 낼 수 있다.
		3. 전 · 적 담기	1. 전 · 적에 따라 색, 형태, 분량 등을 고려하여 그릇을 선택할 수 있다. 2. 전 · 적의 조리는 기름을 제거하여 담아낼 수 있다. 3. 전 · 적 조리를 따뜻한 온도, 색, 풍미를 유지하여 담아낼 수 있다.
	9. 한식 생채 · 회 조리	1. 생채 · 회 재료 준비하기	1. 생채 · 회의 종류에 맞추어 도구와 재료를 준비할 수 있다. 2. 조리에 사용하는 재료를 필요량에 맞게 계량할 수 있다. 3. 재료에 따라 요구되는 전 처리를 수행할 수 있다.
		2. 생채 · 회 조리하기	1. 양념장 재료를 비율대로 혼합, 조절할 수 있다. 2. 재료에 양념장을 넣고 잘 배합되도록 무칠 수 있다. 3. 재료에 따라 회 · 숙회로 만들 수 있다.
		3. 생채 · 회 담기	1. 생채 · 회에 따라 색, 형태, 분량 등을 고려하여 그릇을 선택할 수 있다. 2. 생채 · 회의 색, 형태, 분량을 고려하여 그릇에 담아낼 수 있다. 3. 조리종류에 따라 양념장을 곁들일 수 있다.
	10. 한식 구이조리	1. 구이 재료 준비하기	1. 구이의 종류에 맞추어 도구와 재료를 준비할 수 있다. 2. 조리에 사용하는 재료를 필요량에 맞게 계량할 수 있다. 3. 재료에 따라 요구되는 전 처리를 수행할 수 있다. 4. 양념장 재료를 비율대로 혼합, 조절할 수 있다. 5. 필요에 따라 양념장을 숙성할 수 있다.
		2. 구이 조리하기	1. 구이종류에 따라 유장처리나 양념을 할 수 있다. 2. 구이종류에 따라 초벌구이를 할 수 있다. 3. 온도와 불의 세기를 조절하여 익힐 수 있다. 4. 구이의 색, 형태를 유지할 수 있다.
		3. 구이 담기	1. 구이에 따라 색, 형태, 분량 등을 고려하여 그릇을 선택할 수 있다. 2. 조리한 음식을 부서지지 않게 담을 수 있다. 3. 구이 종류에 따라 적정 온도를 유지하여 담을 수 있다. 4. 조리종류에 따라 고명으로 장식할 수 있다.

실기 과목명	주요항목	세부항목	세세항목
	11. 한식 조림 · 초조리	1. 조림 · 초 재료 준비하기	1. 조림 · 초 조리에 따라 도구와 재료를 준비할 수 있다. 2. 조리에 사용하는 재료를 필요량에 맞게 계량할 수 있다. 3. 조림 · 조리의 재료에 따라 전 처리를 수행할 수 있다. 4. 양념장 재료를 비율대로 혼합, 조절할 수 있다. 5. 필요에 따라 양념장을 숙성할 수 있다.
		2. 조림 · 초 조리하기	1. 조리종류에 따라 준비한 도구에 재료를 넣고 양념장에 조릴 수 있다. 2. 재료와 양념장의 비율, 첨가 시점을 조절할 수 있다. 3. 재료가 눌어붙거나 모양이 흐트러지지 않게 화력을 조절하여 익힐 수 있다. 4. 조리종류에 따라 국물의 양을 조절할 수 있다.
		3. 조림 · 초 담기	1. 조림 · 초에 따라 색, 형태, 분량 등을 고려하여 그릇을 선택할 수 있다. 2. 조리종류에 따라 국물 양을 조절하여 담아낼 수 있다. 3. 조림, 초, 조리에 따라 고명을 얹어 낼 수 있다.
	12. 한식 볶음조리	1. 볶음 재료 준비하기	1. 볶음조리에 따라 도구와 재료를 준비할 수 있다. 2. 조리에 사용하는 재료를 필요량에 맞게 계량할 수 있다. 3. 볶음조리의 재료에 따라 전 처리를 수행할 수 있다. 4. 양념장 재료를 비율대로 혼합, 조절하여 만들 수 있다. 5. 필요에 따라 양념장을 숙성할 수 있다.
		2. 볶음 조리하기	1. 조리종류에 따라 준비한 도구에 재료와 양념장을 넣어 기름으로 볶을 수 있다. 2. 재료와 양념장의 비율, 첨가 시점을 조절할 수 있다. 3. 재료가 눌어붙거나 모양이 흐트러지지 않게 화력을 조절하여 익힐 수 있다.
		3. 볶음 담기	1. 볶음에 따라 색, 형태, 분량 등을 고려하여 그릇을 선택할 수 있다. 2. 그릇형태에 따라 조화롭게 담아낼 수 있다. 3. 볶음조리에 따라 고명을 얹어 낼 수 있다.
	13. 한식 숙채조리	1. 숙채 재료 준비하기	1. 숙채의 종류에 맞추어 도구와 재료를 준비할 수 있다. 2. 조리에 사용하는 재료를 필요량에 맞게 계량할 수 있다. 3. 재료에 따라 요구되는 전처리를 수행할 수 있다.
		2. 숙채 조리하기	1. 양념장 재료를 비율대로 혼합, 조절할 수 있다. 2. 조리법에 따라서 삶거나 데칠 수 있다. 3. 양념이 잘 배합되도록 무치거나 볶을 수 있다.
		3. 숙채 담기	1. 숙채에 따라 색, 형태, 분량 등을 고려하여 그릇을 선택할 수 있다. 2. 숙채의 색, 형태, 재료, 분량을 고려하여 그릇에 담아낼 수 있다. 3. 조리종류에 따라 고명을 올리거나 양념장을 곁들일 수 있다.
	14. 김치조리	1. 김치 재료 준비하기	1. 김치의 종류에 맞추어 도구와 재료를 준비할 수 있다. 2. 조리에 사용하는 재료를 필요량에 맞게 계량할 수 있다. 3. 재료에 따라 요구되는 전 처리(절이기 등)를 수행할 수 있다.

실 기 과목명	주요항목	세부항목	세세항목
		2. 김치 조리하기	1. 양념장 재료를 비율대로 혼합, 조절할 수 있다. 2. 김치의 특성에 맞도록 주재료에 부재료와 양념의 비율을 조절하여 소를 넣거나 버무릴 수 있다. 3. 김치의 종류에 따라 국물의 양을 조절할 수 있다.
		3. 김치 담기	1. 조리종류와 색, 형태, 분량 등을 고려하여 그릇을 선택할 수 있다. 2. 김치의 색, 형태, 재료, 분량을 고려하여 그릇에 담아낼 수 있다. 3. 김치의 종류에 따라 조화롭게 담아낼 수 있다.

7 지참준비물 목록(수험자 지참 준비물 안내 목록)

번호	재료명	규격	단위	수량	비고
1	가위	조리용	EA	1	
2	강판	조리용	EA	1	
3	계량스푼	사이즈별	SET	1	
4	계량컵	200㎖	EA	1	
5	국대접	기타 유사품 포함	EA	1	
6	국자		EA	1	
7	냄비		EA	1	시험장에도 준비되어 있음
8	도마	흰색 또는 나무 도마	EA	1	시험장에도 준비되어 있음
9	뒤집개	–	EA	1	
10	랩		EA	1	
11	마스크		EA	1	위생복장(위생복, 위생모, 앞치마, 마스크)을 착용하지 않을 경우 채점대상에서 제외(실격)됨
12	면보/ 행주	흰색	EA	1	
13	밀대	소	EA	1	
14	밥공기		EA	1	
15	볼(bowl)		EA	1	

16	비닐백	위생백, 비닐봉지 등 유사품 포함	장	1	
17	상비의약품	손가락골무, 밴드 등	EA	1	
18	석쇠		EA	1	
19	쇠조리(혹은 체)		EA	1	
20	숟가락	차스푼 등 유사품 포함	EA	1	
21	앞치마	흰색(남녀공용)	EA	1	위생복장(위생복, 위생모, 앞치마, 마스크)을 착용하지 않을 경우 채점대상에서 제외(실격)됨
22	위생모	흰색	EA	1	위생복장(위생복, 위생모, 앞치마, 마스크)을 착용하지 않을 경우 채점대상에서 제외(실격)됨
23	위생복	상의 – 흰색/긴소매 하의 – 긴바지(색상무관)	벌	1	위생복장(위생복, 위생모, 앞치마, 마스크)을 착용하지 않을 경우 채점대상에서 제외(실격)됨
24	위생타올	키친타올, 휴지 등 유사품 포함	장	1	
25	이쑤시개	산적꼬치 등 유사품 포함	EA	1	
26	접시	양념접시 등 유사품 포함	EA	1	
27	젓가락		EA	1	
28	종이컵		EA	1	
29	종지		EA	1	
30	주걱		EA	1	
31	집게		EA	1	
32	칼	조리용칼, 칼집포함	EA	1	
33	호일		EA	1	
34	후라이팬		EA	1	시험장에도 준비되어 있음

● 지참준비물의 수량은 최소 필요수량이므로 수험자가 필요시 추가 지참 가능합니다.

● 지참준비물은 일반적인 조리용을 의미하며, 기관명, 이름 등 표시가 없는 것이어야 합니다.

● 지참준비물 중 수험자 개인에 따라 과제를 조리하는데 불필요하다고 판단되는 조리기구는 지참하지 않아도 됩니다.

● 지참준비물 목록에는 없으나 조리에 직접 사용되지 않는 조리 주방용품(예, 수저통 등)은 지참 가능합니다.

- 수험자지참준비물 이외의 조리기구를 사용한 경우 채점대상에서 제외(실격)됩니다.
- 위생상태 세부기준은 큐넷 − 자료실 − 공개문제에 공지된 "위생상태 및 안전관리 세부기준"을 참조하시기 바랍니다.

8 수험자 유의사항(전 품목공통)

수험자 유의사항

(1) 만드는 순서에 유의하며, 위생과 숙련된 기능평가를 위하여 조리작업 시 맛을 보지 않습니다.

(2) 지정된 수험자지참준비물 이외의 조리기구나 재료를 시험장 내에 지참할 수 없습니다.

(3) 지급재료는 시험 전 확인하여 이상이 있을 경우 시험위원으로부터 조치를 받고 시험 중에는 재료의 교환 및 추가지급은 하지 않습니다.

(4) 요구사항 및 지급재료의 규격은 "정도"의 의미를 포함하며, 재료의 크기에 따라 가감하여 채점됩니다.

(5) 위생복, 위생모, 앞치마, 마스크를 착용하여야 하며, 시험장비·조리기구 취급 등 안전에 유의합니다.

(6) 다음 사항은 실격에 해당하여 채점 대상에서 제외됩니다.

　가. 수험자 본인이 시험 도중 시험에 대한 포기 의사를 표현하는 경우

　나. 위생복, 위생모, 앞치마, 마스크를 착용하지 않은 경우

　다. 시험시간 내에 과제 두 가지를 제출하지 못한 경우

　라. 문제의 요구사항대로 과제의 수량이 만들어지지 않은 경우

　마. 완성품을 요구사항의 과제(요리)가 아닌 다른 요리(예, 달걀말이 → 달걀찜)로 만든 경우

　바. 불을 사용하여 만든 조리작품이 작품특성에 벗어나는 정도로 타거나 익지 않은 경우

　사. 해당과제의 지급재료 이외 재료를 사용하거나, 요구사항의 조리기구(석쇠 등)로 완성품을 조리하지 않은 경우

　아. 지정된 수험자지참준비물 이외의 조리기술에 영향을 줄 수 있는 기구를 사용한 경우

　자. 가스레인지 화구 2개 이상(2개 포함) 사용한 경우

　차. 시험 중 시설·장비(칼, 가스레인지 등) 사용 시 시험위원 및 타수험자의 시험 진행에 위해를 일으킬 것으로 시험위원 전원이 합의하여 판단한 경우

　카. 요구사항에 표시된 실격 및 부정행위에 해당하는 경우

(7) 항목별 배점은 위생상태 및 안전관리 5점, 조리기술 30점, 작품의 평가 15점입니다.

(8) 시험시작 전 가벼운 몸 풀기(스트레칭) 동작으로 긴장을 풀고 시험을 시작합니다.

(1) 위생상태 및 안전관리 세부기준 안내

순번	구분	세 부 기 준
1	위생복 상의	• 전체 흰색, 손목까지 오는 긴소매 – 조리과정에서 발생 가능한 안전사고(화상 등) 예방 및 식품위생(체모 유입방지, 오염도 확인 등) 관리를 위한 기준 적용 – 조리과정에서 편의를 위해 소매를 접어 작업하는 것은 허용 – 부직포, 비닐 등 화재에 취약한 재질이 아닐 것, 팔토시는 긴팔로 불인정 • 상의 여밈은 위생복에 부착된 것이어야 하며 벨크로(일명 찍찍이), 단추등의 크기, 색상, 모양, 재질은 제한하지 않음(단, 핀 등 별도 부착한 금속성은 제외)
2	위생복 하의	• 색상 · 재질 무관, 안전과 작업에 방해가 되지 않는 발목까지 오는 긴바지 – 조리기구 낙하, 화상 등 안전사고 예방을 위한 기준 적용
3	위생모	• 전체 흰색, 빈틈이 없고 바느질 마감처리가 되어 있는 일반 조리장에서 통용되는 위생모(모자의 크기, 길이, 모양, 재질(면 · 부직포 등)은 무관)
4	앞치마	• 전체 흰색, 무릎 아래까지 덮이는 길이 – 상하일체형(목끈형) 가능, 부직포 · 비닐 등 화재에 취약한 재질이 아닐 것
5	마스크	• 침액을 통한 위생상의 위해 방지용으로 종류는 제한하지 않음(단, 감염병 예방법에 따라 마스크 착용 의무화 기간에는 '투명 위생 플라스틱입가리개'는 마스크 착용으로 인정하지 않음)
6	위생화 (작업화)	• 색상 무관, 굽이 높지 않고 발가락 · 발등 · 발뒤꿈치가 덮여 안전사고를 예방할 수 있는 깨끗한 운동화 형태
7	장신구	• 일체의 개인용 장신구 착용 금지(단, 위생모 고정을 위한 머리핀 허용)
8	두발	• 단정하고 청결할 것, 머리카락이 길 경우 흘러내리지 않도록 머리망을 착용하거나 묶을 것
9	손/손톱	• 손에 상처가 없어야하나, 상처가 있을 경우 보이지 않도록 할 것(시험위원 확인하에 추가 조치 가능) • 손톱은 길지 않고 청결하며 매니큐어, 인조손톱 등을 부착하지 않을 것
10	폐식용유처리	• 사용한 폐식용유는 시험위원이 지시하는 적재장소에 처리할 것
11	교차오염	• 교차오염 방지를 위한 칼, 도마 등 조리기구 구분 사용은 세척으로 대신하여 예방할 것 • 조리기구에 이물질(예, 테이프)을 부착하지 않을 것
12	위생관리	• 재료, 조리기구 등 조리에 사용되는 모든 것은 위생적으로 처리하여야 하며, 조리용으로 적합한 것일 것
13	안전사고 발생처리	• 칼 사용(손 빔) 등으로 안전사고 발생 시 응급조치를 하여야 하며, 응급조치에도 지혈이 되지 않을 경우 시험진행 불가
14	눈금표시 조리도구	• 눈금표시된 조리기구 사용 허용(실격 처리되지 않음, 2022년부터 적용)(단, 눈금표시에 재어가며 재료를 써는 조리작업은 조리기술 및 숙련도 평가에 반영)

15	부정방지	• 위생복, 조리기구 등 시험장내 모든 개인물품에는 수험자의 소속 및 성명 등의 표식이 없을 것(위생복의 개인 표식 제거는 테이프로 부착 가능)
16	테이프사용	• 위생복 상의, 앞치마, 위생모의 소속 및 성명을 가리는 용도로만 허용

※ 위 내용은 식품안전관리인증기준(HACCP) 평가(심사) 매뉴얼, 위생등급 가이드라인 평가기준 및 시행상의 운영사항을 참고하여 작성된 기준입니다.

| 10 실기시험

(1) 시험 전날

가. 준비물을 준비했는지 빠짐없이 체크한다.

나. 조리용칼은 갈아서 날을 세운 후 한번 정도 익숙하게 사용 후 안전칼집에 넣어준다.

다. 후라이팬은 코팅이 잘 되어 있는 것으로 준비하되 불에 올려 기름을 얇게 먹여 시험장에서 바로 쓸 수 있도록 한다.

다. 행주와 면보, 키친타올 등은 시험장에 가져가 시험이 시작되면 바로 사용할 수 있도록 잘 접어 놓는다.

라. 조리복의 구김없이 잘 다려져 있는지 확인하고 조리복 안에 입을 옷도 준비해둔다.

마. 최종적으로 레시피와 품목별 사진을 참고하여 조리순서를 정리한다.

(2) 시험 당일

가. 수험표를 확인하여 정해진 실기 장소와 시간을 정확히 확인한 후 지정된 시험시간 30분 전에 시험장에 도착하여 수험자 대기실에서 대기한다.

나. 조리복 착용 후 출석을 확인하고 등번호를 배정받아 대기실에서 실기시험장 내로 이동한다.

다. 각자의 등번호와 같은 조리대를 찾아 개인 준비물을 꺼내 놓고 정돈하면서 준비요원의 지시에 따라 시험 볼 주재료와 양념류를 확인하고 조리도구를 점검한다.

라. 지급재료 목록표와 본인이 지급받은 재료를 비교하여 차이가 없는지 확인하고 차이가 있으면 시험위원에게 알려 시험이 시작되기 전에 조치를 받도록 한다.

마. 수험자 요구사항을 잘 읽고 정해진 시간 내에 지정된 조리작품 2가지를 만들어 등번호표와 함께 제출하고 이어서 청소 및 정돈을 한다.

바. 시험 시간이 종료되면 더 이상 작품을 제출할 수 없다. 따라서 시간안배를 적절하게 해야 하며 시간 안에 작품이 완성되지 않아도 제출해야만 채점을 받을 수 있다.

사. 작업 도중 생기는 쓰레기는 지저분하게 개수대에 버리지 말고 준비해 간 비닐봉지에 버린다.

NCS

1 　NCS(국가직무능력표준)란?

국가직무능력표준(NCS, National Competency Standards)은 산업현장에서 직무를 수행하기 위해 요구되는 지식 · 기술 · 태도 등의 내용을 국가가 체계화한 것이다.

2 　국가직무능력표준(NCS)이 필요한 이유

능력있는 인재를 개발해 핵심인프라를 구축하고, 나아가 국가경쟁력을 향상 시키기 위해 국가직무능력표준이 필요하다. 기업은 직무분석자료, 인적자원관리 도구, 인적자원개발 프로그램, 특화자격 신설, 일자리정보 제공 등을 원한다. 기업교육훈련기관은 산업현장의 요구에 맞는 맞춤형 교육훈련과정을 개설하여 운영하기를 원한다.

3 　교재 집필 시 NCS 자격검정을 위한 능력단위별 수행준거에 의해 조리법 수록

● 직업훈련교육기관에서는 NCS 능력단위별 수행준거와 학습모듈을 적용하여 수업과 평가가 진행됨
● 한식조리기능사 자격검정시험에 응시하고자 하는 수험생들에게는 조리 시 주의해야 하는 부분에 대해 개괄적으로 알 수 있게끔 수행준거를 참고함

PART

1

한국음식 개요

01. 한국음식 문화 특징

우리나라는 사계절이 뚜렷하여 계절에 따라 생산되는 재료들이 다양하고 이를 이용한 주식, 부식과 장류 김치, 젓갈 등의 저장, 발효 음식이 발달하였다.

또한 각 절기에는 음식을 만들어 이웃과 나누어 먹는 풍습이 있어 시식(時食)과 절식(節食)이 발달하였다. 또한 지역에서 생산되는 특산물을 활용한 향토음식도 발달하고 삼면이 바다로 되어 수산물이 풍부하고 산과 평야가 분포되어 있어 수렵과 농경이 일찍부터 발달하였다.

구석기 시대를 전후로 공동체 생활을 하였던 삼국시대 후기부터 주식으로 밥을 부식으로 반찬을 먹는 식생활 구조가 형성되었고 채소를 소금에 절여 먹는 김치가 있었다. 통일신라시대에는 불교를 숭배하여 육식이 쇠퇴하고 차와 채소를 이용한 식문화가 발달하였다. 고려시대에는 북방 여러 나라와 교역이 활발하여 소금, 후추, 설탕 등이 들어왔고 조선시대에는 유교문화가 정착되면서 효를 근본으로 조상을 섬기고 가부장 제도에 따른 식생활을 중요시 하였으며 현재와 같은 한국의 전통 식생화의 체계가 잡혔다. 이처럼 우리나라는 주ㆍ부식의 뚜렷한 구분과 함께 다양한 조리법이 발달되어 있으며 풍부한 식재료가 있다.

02. 한국음식의 종류

1 주식류

- 밥 : 우리나라 음식의 가장 대표적인 것
  - 흰밥, 제밥(찹쌀로 만든밥), 잡곡밥, 비빔밥, 별미밥 등
- 죽 : 우리나라 음식 중 가장 일찍 발달한 것 곡물의 5~7배 가량의 물을 넣고 오랫동안 끓여 호화 시킨 음식(별미식, 환자식, 보양식 등 다양)
- 국수, 만두, 떡국 : 잔치 때나 명절 때 무병장수를 바라는 뜻을 담아 조리하는 손님 접대용으로 밥 대신 차려 먹는 음식이며 소고기 닭고기 멸치 등을 이용하여 장국을 낸 후 만든다.

2 부식류

- 국, 탕 : 한국의 기본적인 상차림은 밥과 국으로 우리나라 숟가락 문화를 발달시켰다.
- 찌개 : 국보다 국물을 적게 하여 끓인 국물요리로서 조치라고도 한다. 간이 센 편이다.
- 전골 : 반상과 주안상을 차릴 때 다양한 재료에 육수를 넣어 즉석에서 끓여 먹는 음식
- 찜 : 주재료에 갖은 양념과 물을 넣고 푹 익혀 약간의 국물이 어울리도록 끓이거나 쪄낸 음식
- 선 : 채소와 생선류 등 신선한 재료에 소를 넣고 육수를 부어 잠깐 끓이거나 찌는 음식
- 숙채 : 채소를 끓는 물에 데쳐서 무치거나 기름에 볶은 음식 가장 기본적이고 대중적인 부식
- 생채 : 계절별 신선한 채소를 익히지 않고 초장, 고추장, 겨자즙 등에 새콤달콤하게 무친 것 영양 손실이 적은 조리법
- 조림 : 육류, 어패류, 채소류 등에 간장이나 고추장 등을 이용하여 간이 재료에 스며들도록 약한 불에서 익혀 내는 조리법
- 초 : 해산물 등에 간장을 넣고 조림보다 윤기가 나도록 걸쭉하게 조려내는 방법
- 볶음 : 육류, 어패류, 채소류 등을 손질하여 기름에 단시간에 볶아낸 것
- 구이 : 육류, 채소류, 어패류 등의 재료를 그대로 혹은 양념하여 불에 구운 음식
- 전, 적 : 재료를 다지거나 얇게 저며 밀가루와 계란으로 옷을 입혀 지져낸 것 재료에 양념을 하여 꼬치에 꿰어 굽거나 지져낸 음식
- 회, 편육, 족편
  - 회 : 육류, 어류, 채소 등을 날로 먹거나 살짝 데쳐 양념장에 찍어먹는 음식
  - 편육 : 소고기나 돼지고기 등을 삶아 눌러 물기를 빼고 얇게 저며썬 음식
  - 족편 : 쇠머리, 쇠족 등을 장시간 고아서 응고시켜 썬 음식
- 마른찬 : 육류, 생선, 해물, 채소 등을 저장하여 먹을 수 있도록 소금에 절이고 양념하여 말리거나 튀겨서 먹는 음식
- 장아찌 : 여러 종류의 채소를 간장, 된장, 고추장 등에 넣어 오래 두고 먹는 저장음식
- 젓갈 : 어패류의 내장이나 새우, 멸치, 조개 등에 소금을 넣어 발효시킨 음식으로 반찬이나 조미용 식품으로 쓰임
- 김치 : 배추, 무 등의 채소를 소금에 절여서 갖은양념과 젓갈 등을 넣고 버무려 발효시킨 음식으로 한국의 대표적인 저장 발효음식으로 가장 기본이 되는 반찬

- 떡 : 쌀 등의 곡식 가루에 물을 넣어 찌거나 지지거나 삶아서 익힌 곡물음식의 하나로 명절 행사때 꼭 쓰임
- 한과 : 전통과자를 말함, 만드는 방법에 따라 약과(유밀과), 강정, 산자, 다식류, 정과류, 숙실과류, 과편류, 엿강정류, 엿류 등
- 음청류 : 술 이외의 기호성 음료(수정과, 식혜, 배숙 등)
- 차 : 녹차, 반발효차(우롱차), 완전발효차(홍차), 인삼차, 결명자차 등

03. 한국음식의 상차림 및 식사예법

1 한식 상차림

- 반상 : 밥을 주식으로 하는 상차림
  - 종류 : 반찬수에 따라 3첩, 5첩, 7첩, 9첩, 12첩(임금의 수랏상)
  - 첩수 : 밥, 국(탕), 조치(찌개, 찜), 김치, 장류(간장, 초간장, 고추장)을 제외하고 쟁첩에 담는 반찬수로 반찬의 종류를 정할 때는 재료가 중복되지 않도록 했음

구분	기본음식					쟁첩에 담은 반찬 종류						
	밥	탕	김치	종지	조치류	숙채	생채	구이	조림	전류	마른반찬	회
3첩	1	1	1	간장		1	1	1				
5첩	1	1	1	간장, 초간장	찌개	1	1	1		1	1	
7첩	1	1	1	초간장, 초고추장		1	1	1	1	1	1	1
9첩	1	1	1		찌개 1 찜 1	1	2	2	1	1	1	1
12첩	1	1	1			2	2	2	1	전, 편육	1	2

- 면상 : 국수를 주식으로 하는 상으로 점심이나 간단한 식사 때 대접함. 경사스러운 날에도 많이 차리므로 깍두기나 젓갈 장아찌류는 피함
- 주안상 : 주류를 대접하기 위한 상이므로 안주는 술의 종류나 손님의 기호를 감안해서 장만해야 함
- 교자상 : 명절, 잔치 때 많은 사람들이 함께 모여 식사를 할 때 차리는 상
- 큰상 : 혼례, 회갑, 고희연(만 70세), 회혼(결혼한 지 만 60년) 등을 맞이하는 주인을 위해 차리는 상

- 돌상 : 아기가 태어나서 1년이 되면 건강하게 자란 것을 축하하고 장래를 축복하기 위해 집안 식구와 친지들이 모여 아기에게 차려주는 상
- 다과상 : 차와 과자 등을 내는 상차림으로 손님에게 식사를 대접하기 전에 냄

04. 한국의 절식과 시식

우리나라는 태음력(太陰曆)을 기준으로 1년을 24절기로 나누고 있으며 그 계절에 맞는 특별한 음식을 만들어 먹었다. 절식은 이러한 한국의 전통적인 생활풍습을 잘 드러내주는 음식 문화이다.

설날에 먹는 대표적인 음식은 떡국이며, 멥쌀가루를 쪄서 안반 위에 놓고 떡메로 쳐서 만든 흰떡인 백병(白餠)으로 끓인다. 이날 마시는 술은 세주(歲酒)라 하여 반드시 찬술을 쓴다. **입춘**에는 눈 밑에서 갓 돋아난 움파·멧갓·승검초·순무 등을 무친 나물인 오신반(五辛盤)을 만들어 먹는다. **대보름**에는 오곡밥을 지어 먹고, 이른 새벽에는 청주 한 잔을 마시니 이것이 '귀밝이술'이요, 이날 김이나 나물잎에 밥을 싸서 먹고는 '복쌈'이라 했다. 박나물·버섯 등의 말린 것과 콩나물 순 말린 것, 외곡지·가지고지·시래기 등을 묵혀 두었다가 이날 함께 섞어 무쳐 먹으니, 이것을 진채(陳菜 : 묵은 나물)라 한다.

중화절(2월 초하룻날)은 머슴날이라 하여 큰 송편을 만들어 노비들에게 나누어준다. 이 시기에는 들나물이 나오기 시작하기 때문에 산채나 냉이 등이 별미로 등장한다. 3월 **중삼절**에는 산과 들로 화전(花煎)놀이를 나가서 화전을 부쳐 먹고 진달래화채·탕평채 등을 먹는다. 4월 **초파일**에는 석가탄신을 축하하며, 손님을 모셔놓고 느티떡·볶은콩·미나리나물 등을 내놓는데 이것을 부처님 생신의 소찬(素饌)이라 한다.

5월 **단오날**에는 수레바퀴 모양의 수리치절편이나 쑥절편을 만들고 말린 청어[貫目]에 쑥을 넣어 애탕(艾湯 : 쑥국)도 끓인다. 6월 **유두**에는 수단(水團)을 먹고 밀가루로 만든 국수인 유두면(流頭麵)을, 여름 내내 더위를 먹지 말라는 뜻으로 즐겨 먹었다. 밀가루 반죽에 콩이나 깨를 소로 하여 쪄낸 쌍화병도 먹으며 밀가루 반죽에 애호박을 썰어 넣어 밀전병을 만든다.

삼복 때는 보신음식으로 개를 삶아 파·고추·마늘 등을 넣고 푹 끓인 보신탕을 즐긴다. 개고기는 성질이 더우므로 이열치열로서 한여름 더위를 극복하고자 먹게 되었다. 또한 인삼과 닭을 삶은 삼계탕도 많이 먹는다. 복날에는 팥으로 죽을 쑤어 먹기도 한다. 수박·참외·옥수수 등이 한창인 계절이기에 풋과일 역시 이 시기의 절식이

다. 밀로 국수를 만들기도 하며 미역국에 닭고기를 섞고 국수를 넣고 물에 약간 쳐서 익혀 먹기도 하고, 호박과 돼지고기에다 흰떡을 썰어 넣어 볶기도 하고, 밀가루에다 호박을 썰어 반죽하여 기름에 부치기도 한다. 7월 **백중절**에는 바쁜 농사를 끝내고 호미씻이를 하여 그 동안의 노고를 격려한다. 절식으로는 보신탕을 먹거나 풋과일 · 나물을 먹는다.

8월 **추석**에는 햅쌀로 술과 송편을 빚고 밤단자 · 토란단자 등을 만들며, 햇콩을 섞은 청대콩밥, 햇병아리 닭찜, 토란탕 등을 먹는다. 9월 **중구일**에는 국화화전과 국화술을 마신다. 10월 **고사**에는 시루떡을 지어 고사를 지내고, 서늘해진 날씨에 화로에 둘러앉아 고기를 굽거나 요리를 하는 난로회(煖爐會)를 즐긴다. 그밖에도 열구자탕 · 변씨만두 · 애탕 · 강정 등의 별식을 즐긴다.

동짓날에는 찹쌀가루를 새알 모양으로 빚어 붉은 팥을 넣고 쑨 팥죽을 동지절식으로 먹는다. 이때 새알 모양으로 빚은 것을 새알심이라고 하는데, 새알심은 각각 나이의 수만큼 먹는 풍습이 있다. 이 달에는 종묘에 청어를 천신한다. 겨울철 시식으로 메밀국수를 무김치 · 배추김치에 말고, 돼지고기를 넣은 냉면을 즐긴다. 잡채와 배 · 밤 · 쇠고기 등을 메밀국수에 섞은 공동면(비빔냉면)도 즐긴다. 작은 무로 시원한 동침(冬沈 : 동치미)을 담가 먹는다. 또한 곶감을 달인 물에 생강과 잣을 넣은 수정과와 뜨거운 설렁탕도 겨울철의 절식이다. 12월에는 정초에 쓸 제수를 준비하며 11월의 절식과 비슷하다.

05. 한국음식의 양념과 고명

1 양념

양념은 음식의 맛을 결정하며 향을 돋구거나 잡맛을 제거하여 좋은 음식을 만드는데 쓰인다. 같은 양념이라도 넣는 순서나 시간에 따라서 음식의 맛이 달라지는데 주로 사용되는 양념으로는 다음과 같은 것들이 있다.

(1) 소금

소금은 간장과 함께 음식의 맛을 내는데 없어서는 안되는 기본조미료로서 음식을 할 때 처음부터 넣게 되면 잘 무르지 않으므로 음식이 익은 다음에 넣는다. 소금과 설탕을 함께 사용할 경우에는 설탕을 먼저 넣는 것이 좋다. 소금은 그 제조방법에 따라 호염(胡염), 재제염(再製염), 식탁염(食卓염) 등으로 구분할 수 있으며 사용 용도가 각각 다르다.

- 호염 : 염전에서 긁어모은 일차제품으로 흔히 천일염 또는 굵은 소금이라 하는데 색깔이 검고 티와 잡물이 많이 섞여 있어 주로 장 담글 때와 오이지 담글 때, 김장배추 절일 때 쓰임
- 재제염 : 1차 제품을 재제한 고운 소금으로 일명 꽃소금이라고도 하며 색깔이 희고 불순물도 없어 음식을 할 때 일반적으로 많이 사용함
- 식탁염 : 재제염을 더욱 정제한 것으로 결정이 곱고 깨끗하며 식탁에서 간을 조절하는데 사용됨

(2) 간장

간장은 음식의 간을 맞추는 기본 조미료로 장맛이 좋아야 맛있는 음식을 만들 수 있다. 우리나라는 예로부터 가정마다 장 담그는 일이 매우 중요시 되어 장맛이 좋은 가정일수록 그 주부의 솜씨를 높이 평가하고 살림을 잘하는 것으로 칭찬해 왔다. 그러나 요즈음은 집에서 간장을 담지 않고 시판되는 간장을 사서 쓰는 가정이 많아지고 있으므로 재래식 장을 사용했을 때와는 다른 음식 맛으로 변질되는 실정이다.

간장의 주원료는 콩과 밀이며 메주를 띄워 만드는데 주성분은 아미노산과 염분 그리고 당분으로서 아미노산의 함량이 많을수록 품질이 좋다.

간장은 식품의 재료와 목적에 따라 종류를 구별해 써야 한다. 파·마늘 다진것, 깨소금, 참기름, 설탕, 후춧가루, 고춧가루 등 여러 가지 조미료를 넣고 양념간장을 만들어 사용하기도 하며 국, 찌개, 나물을 만들 때는 색이 옅은 청장(국간장)인 햇간장으로 간을 하고 조림, 포, 초, 육유의 양념 등에는 묵은 간장(진간장)을 사용한다. 전유어나 적 종류의 음식에는 양념간장이나 초간장을 만들어 낸다.

시판되고 있는 간장 중에서 국간장이라는 것은 재래식의 청장과 같은 용도로서 당분보다 염분이 많아 국이나 찌개에 많이 쓰며 진간장은 단맛과 구수한 맛이 많아 반찬을 조미하는데 많이 이용된다.

(3) 된장

된장은 간장을 걸러내고 남은 건더기로서 단백질이 풍부한 식품이며 국이나 찌개, 무침, 쌈장 등에 이용된다. 국이나 찌개를 끓일 때 재래된장은 오래 끓일수록 감칠맛이 나고 개량된장은 살짝 끓여 먹어야 맛이 있다. 간장을 걸러내지 않은 장을 막장이라고 하는데 맛이 된장보다 진하고 구수하며 영양가도 높다.

(4) 고추장

고추장은 된장과 함께 우리나라 식생활에 중요한 몫을 차지해 왔다. 고추장은 찹쌀, 멥쌀, 밀, 보리 등을 원료로 메줏가루, 고춧가루, 엿기름, 소금 등을 섞어 만들지만 솜씨에 따라 맛과 빛깔이 달라진다. 고추장은 찹쌀이나 곡류가 메줏가루보다 더 많이 들어가면 감칠맛이 좋고 메줏가루가 찹쌀이나 곡류보다 더 많이 들어가면 구수한 맛이 강하며 고추장 자체가 반찬이 되기도 한다.

(5) 파

파에는 독특한 자극성분인 유기 황화합물이 들어있어 고기의 누린내나 생선의 비린내를 제거해준다. 파는 파뿌리가 곧고 흰 부분과 푸른 부분의 구분이 뚜렷한 것이 좋으며 다져서 양념으로 사용할 때는 흰 부분만을 사용하는 것이 바람직하다.

(6) 마늘

마늘의 매운맛 성분에는 알리신이라는 휘발성 물질이 들어있어 장(腸)에 들어가서 비타민 B_1의 흡수를 도울 뿐만 아니라 소화액의 분비를 촉진시켜 소화를 돕는다. 마늘의 자극성분은 육류의 누린 냄새와 생선류의 비린 냄새, 채소의 풋냄새를 가시게 할 뿐만 아니라 특히 김치 담글 때는 없어서는 안 되는 조미료중의 하나다.

음식의 양념으로 사용할 때는 곱게 다져서 사용하고 향신료나 고명으로 사용할 때는 통째로 쓰거나 얇게 저며서 쓰고 곱게 채썰어 사용한다. 마늘은 논마늘보다 밭마늘이 단단하고 좋다.

(7) 생강

생강은 매운맛과 냄새가 강하여 양념으로는 물론 차, 한약재에도 많이 사용되며 표피에 주름이 없고 싱싱한 것이 좋다. 특히 특유의 향기와 쏘는 듯한 맛은 생선의 비린내, 돼지고기, 닭고기의 누린내를 없애는 데 효과가 크며 육류나 어류를 조리할 때에는 단백질이 응고한 뒤에 생강을 넣어야 방취효과가 크다. 생강의 매운맛 성분은 진저론(Gingerone)으로 너무 많이 섭취하면 몸에 해로우나 적당량은 식욕증진에 도움을 준다.

양념으로 사용할 때에는 곱게 다지거나 편으로, 혹은 곱게 채썰어 사용하며 즙을 내어 사용하기도 한다.

(8) 고춧가루

고춧가루는 잘 익어서 윤택이 나고 살이 두꺼운 고추를 골라 씨를 빼고 행주로 깨끗이 닦아 잘 말려서 빻는다. 고춧가루는 용도에 따라 고추장이나 조미용으로는 곱게 빻고 김치 깍두기용으로는 중간으로, 여름 풋김치용으로는 굵게 빻아 사용한다.

고추 말린 것을 빻지 않고 그대로 두었다가 씨를 빼고 고추를 약간 축축히 축여서 돌돌 말아 곱게 채썰어 실고추를 만들어 나박김치나 고명으로 널리 사용한다.

(9) 후춧가루

후추는 향기와 자극성으로 고기나 생선의 누린내와 비린 냄새를 없애주며 자극제로서 식욕을 돋구어준다. 일반적으로 많이 쓰이는 검은 후춧가루는 후추열매가 덜 여물었을 때 건조시켜 껍질째 빻아 색깔이 검고 매운맛이 강해서 육류음식에 사용되며 흰 후춧가루는 후추열매가 잘 여문 후 껍질을 벗겨 건조 후 빻은 것으로 색이 희고 향미가 부드러우며 매운맛이 약하여 생선음식에 사용되고 통후추는 맑은 국물을 만들 때 통째로 넣어서 향기만 얻어낸다.

후춧가루는 번거롭기는 하나 필요할 때마다 통후추를 갈아서 쓰는 것이 가장 제맛을 내줘서 좋다.

(10) 겨자

겨자씨를 갈아 가루로 만들어 사용할 때마다 따뜻한 물에 개어 매운맛 성분이 우러나게 하여 식초, 설탕, 소금을 넣어 섞어서 사용한다.

겨자의 매운맛 성분인 시니그린(Sinigrin)을 분해시키는 효소인 미로시나제(Myrosinase)는 활동 최적온도가 40℃ 정도이므로 따뜻한 물에서 개어야 매운맛이 빠르고 강하게 난다.

(11) 계핏가루

육계(肉桂)를 빻아서 가루로 한 것으로 편류, 유과류, 정과류, 강정류에 많이 쓰이며 통계피는 향미만을 얻기 위해서도 많이 쓰인다.

(12) 기름

기름의 종류에는 참기름, 들기름, 콩기름, 옥수수기름, 면실유 등이 있는데 각기 특유한 맛과 향기가 있어 용도에 따라 사용한다. 참기름은 참깨를 볶아서 짜낸 기름으로 향기가 독특하고 강하여 국이나 나물 무칠 때 사용되며 들기름은 들깨를 볶아서 짜낸 기름으로 짜서 오래두면 산패되기 쉬우므로 짜서 즉시 먹는 것이 좋다.

(13) 깨소금

통통하게 잘 익은 깨를 물에 깨끗이 씻어 일어 건져서 번철이나 냄비에 조금씩 나누어 고루 볶아서 뜨거울 때 분마기에 넣고 약간만 빻는다. 이때 너무 곱게 빻게 되면 음식이 지저분하게 될 우려가 있으므로 유의해야 한다. 깨소금은 병이나 비닐봉지에 밀봉하여 고소한 풍미가 없어지지 않도록 보관한다. 통깨를 쓸 때도 있다.

(14) 설탕

설탕은 음식에 단맛을 내주는 양념이다. 설탕은 제조법에 따라 여러 종류로 나뉘는데 백설탕, 황설탕, 흑설탕, 각설탕 등이 있다.

(15) 조청·꿀

조청은 곡류를 엿기름으로 당화시켜 오래 고아서 걸쭉하게 만든 묽은 엿으로 요즈음에는 한과류와 밑반찬용의 조미료로 많이 쓰인다.

꿀은 인류가 이용한 가장 오래된 천연감미료로서 우리나라에서도 오래전부터 감미료로 귀하게 쓰여 온 것이다. 꿀은 꽃의 종류에 따라 색과 향이 다르다. 요즈음에는 음식 만드는데 꿀을 사용하기도 하나 상정, 정과, 유밀과 등의 한과를 만들 때 재료로 들어가고 있다.

(16) 식초

식초는 과실이나 곡식을 이용하여 만든 양조 식초가 널리 쓰이며 빙초산을 사용할 경우에는 식초와 물을 1:19로 섞어서 희석해서 사용하여야 한다.

식초는 신맛으로 입맛을 돋구어 주며 음식을 상하지 않게 하는 방부제의 구실도 한다.

생선을 조리할 때 식초를 사용하면 비린내를 제거해 줄 뿐만 아니라 단백질의 응고작용으로 생선의 살이 단단해지고 신선한 맛을 준다. 음식을 만들 때나 나물류를 무칠 때 식초로 인해서 색깔이 누렇게 변화되므로 먹기 직전에 바로 넣는 것이 좋다.

(17) 산초

가구를 만들어 식품의 누린내와 비린내 제거에 사용된다.

2 고명

고명은 음식을 아름답게 꾸며 음식이 돋보이게 하고 식욕을 돋구며 음식의 품위를 높여준다. 고명은 맛보다는 장식을 주 목적으로 하여 음식 위에 뿌리거나 얹는 것이다.

귀한음식이고 음식에 손을 대지 않았다는 의미를 준다. 특히 한국음식의 경우 음식의 색깔을 오행설을 바탕에 두어 고명도 오방색(붉은색, 녹색, 검은색, 흰색, 노란색)으로 구성되는 것을 기본으로 한다.

(1) 달걀지단

달걀을 흰자와 노른자로 나누어 소금을 조금 넣고 잘 저어 거품을 가라앉히거나 걷어낸다.

깨끗한 번철에 기름을 조금씩 고루 바르고 약한 불에서 달걀을 부어 얇게 고루 퍼지도록 번철을 이리저리 기울여 가며 고루 익힌다. 식은 다음에 용도에 따라 마름모꼴이나 완자형, 또는 곱게 채썰어서 사용한다.

흰 지단이 잘 안될 경우에는 녹말을 약간 풀어 섞으면 훨씬 잘되며 기름이 많거나 번철을 너무 뜨겁게 달구면 지단이 깨끗하지 못하다.

(2) 알 쌈

완자처럼 쇠고기를 곱게 다져 갖은 양념하여 콩알만하게 빚고 달걀을 풀어 번철에 2~3cm 정도의 타원형으로 지진 다음 빚어놓은 소고기를 넣고 지진 달걀을 반달 모양으로 접어 부친다.

(3) 고기완자, 고기고명

기름기 없는 쇠고기를 곱게 다져 소금, 파, 마늘, 후춧가루, 참기름 등으로 양념하여 새알만 하게 빚은 다음 밀가루를 입히고 달걀물을 씌워 기름 두 번 칠해 굴려가며 깨끗하게 부친다. 신선로나 찜에 넣은 것은 작게 만들고 탕에 넣는 것은 약간 크게 해도 좋다.

(4) 미나리초대

미나리를 잎과 뿌리에 떼어내고 깨끗하게 씻어서 위아래를 가지런히 꼬챙이에 꿴다. 밀가루와 달걀물을 씌워 번에 지져낸 후 꼬챙이를 빼고 필요에 따라 마름모꼴이나 완자형으로 썰어서 사용한다.

(5) 표고버섯

버섯은 미지근한 물을 담가 불려서 꼭지를 잘라내어 마름모꼴이나 곱게 채썰어 사용하며 작은 것은 그냥 쓰기도 한다. 살이 두껍고 큰 버섯은 칼을 뉘어서 얇게 저며 사용하기도 하며 작은 버섯은 다진 쇠고기를 양념하여 속을 채워서 전을 부치기도 한다.

(6) 석이버섯

석이는 미지근한 물에 불려 수세미를 이용하거나 그대로 뒷면을 맞붙여 비벼서 깨끗이 씻고 배꼽을 뗀 후 돌돌 말아서 곱게 채썰거나 마름모꼴로 썰어 용도에 맞게 사용한다. 또한 석이는 바싹 말려서 곱게 부수어 가루를 만들어서 달걀흰자에 섞어 지단을 신선로나 전골에 사용하기도 하고 석이단자에도 사용한다.

(7) 목이버섯

미지근한 물에 불려 깨끗이 헹군 다음 큰 것은 적당한 크기로 썰어 볶아서 사용한다.

(8) 느타리버섯

말린 것은 깨끗이 씻은 후 미지근한 물에 담가 불려 손으로 주물러 씻어 꼭 짠 후 버섯의 결대로 손으로 찢어 사용한다. 생 느타리버섯은 깨끗이 씻어 찢어서 사용한다.

(9) 실고추

고추를 햇볕에 말려 꼭지를 떼고 반으로 갈라 씨를 뺀 다음 깨끗이 닦아 젖은 수건에 싸둔다. 몇 장씩 돌돌 말아서 잘 드는 칼로 채썰어 두었다가 필요할 때 사용한다. 다홍고추를 고명으로 쓰기도 한다.

(10) 은행

은행이 속의 알이 상하지 않도록 겉껍질은 까고 알맹이를 꺼내어 번철에 기름을 두르고 달구어 소금과 함께 살짝 굴려서 볶아 은행알이 파랗게 되면 흰 종이에 싸서 문질러 껍질을 깨끗하게 벗긴다. 찜이나 신선로 등의 고명으로 새파란 은행을 얹거나 꼬챙이에 꿰어 마른안주로도 사용한다.

(11) 잣

잣은 고깔을 떼고 마른 행주로 닦아 그대로 쓰기도 하고 길이로 반을 갈라서 비늘잣으로 쓰며 곱게 다져 잣가루로 만들어 쓰기도 한다. 잣가루를 잣소금이라고도 한다. 통잣은 음료나 차에 띄워내며 여러 음식의 고명으로 쓴다.

(12) 호두

호두는 겉껍질은 까고 알맹이를 꺼내어 따끈한 물에 잠시 담가 불려서 꼬챙이로 속껍질은 벗긴다. 기름에 튀기거나 곶감에 넣어 꼭꼭 말아 썰어서 마른안주로 사용하고 찜이나 신선로 등에 고명으로 얹는다.

(13) 대추

대추는 젖은 면보로 닦은 후 살만 돌려깎아 밀대로 밀어 편 후 채썰거나 돌돌 말아 꽃모양을 내는 등 다양하게 모양을 내어 고명으로 사용한다.

(14) 밤

겉껍질과 속껍질을 벗긴 후 저며 썰거나 곱게 채썰어 고명으로 쓴다.

(15) 통깨

참깨를 불려 껍질을 벗겨 볶아서 사용한다. 일반적으로 양념으로 많이 사용한다.

(16) 그 외

청, 홍고추, 오이, 호박, 실파등 초록색을 내기위해 사용하는 채소들도 있다.

06. 한국음식의 계량법

1 계량을 하는 이유

계량이 정확하지 않으면 매번 음식의 맛이 달라질 수 있으므로 정확하게 계량하여 사용하는 것이 좋다.

2 계량기구 단위

- 계량컵 : 부피를 측정하는 데 사용된다. 우리나라의 경우 1컵 기준 200ml로 사용됨
- 계량스푼 : 양념의 부피를 측정하는 데 사용된다. 큰술(Ts)=15ml, 작은술(ts)=5ml로 구분함

3 계량법

- 가루상태의 식품 : 덩어리가 없는 상태에서 누르지 말고 수북이 담아 편편하게 깎아 표면이 평면이 되도록 깎아서 계량함
  - 예 밀가루 : 체에 친 후 수북히 쌓아 깎아 측정(누르거나 흔들면 안됨)
    흑설탕 : 끈적한 성질로 인해 살짝눌러 계량해야 함
- 액체식품 : 간장, 물, 식초 등의 액체 식품은 계량컵이나 계량스푼에 가득 채워 계량하거나 계량컵의 눈금과 액체의 메니스커스의 밑선이 동일하게 맞도록 읽어야 함
- 고체식품 : 된장이나 버터 등의 고체식품은 계량컵이나 계량스푼에 빈공간이 없도록 채워서 표면을 평면이 되도록 깎아서 계량함
- 알갱이 식품 : 곡류처럼 입자가 큰 식품은 컵에 가득 담아 살짝 흔들어 표면에 수평이 되게 함

PART

2

한식조리기능사
실기시험문제

한식 기초조리실무

재료썰기

25분

요구사항

● **주어진 재료를 사용하여 다음과 같이 재료 썰기를 하시오.**

가. 무, 오이, 당근, 달걀지단을 썰기 하여 전량 제출하시오. (단, 재료별 써는 방법이 틀렸을 경우 실격 처리 됩니다)

나. 무는 채썰기, 오이는 돌려깎기하여 채썰기, 당근은 골패썰기를 하시오.

다. 달걀은 흰자와 노른자를 분리하여 알끈과 거품을 제거하고 지단을 부쳐 완자(마름모꼴)모양으로 각 10개를 썰고, 나머지는 채썰기를 하시오.

라. 재료 썰기의 크기는 다음과 같이 하시오.
  • 채썰기 – 0.2×0.2×5cm
  • 골패썰기 – 0.2×1.5×5cm
  • 마름모형 썰기 – 한 면의 길이가 1.5cm

지급재료 목록

무		g	100
오이	길이 25cm 정도	개	1/2
당근	길이 6cm 정도	토막	1
달걀		개	3
식용유		ml	20
소금		g	10

조리 방법

1 주어진 재료는 씻어 놓는다.

2 달걀은 흰자와 노른자를 분리하여 알끈과 거품을 제거하고 지단을 부쳐 1.5×1.5cm 마름모꼴로 각각 10 개씩 썰고 나머지는 0.2×0.2×5cm 길이로 채썬다.

3 오이는 돌려깎기를 하고 무와 같이 0.2×0.2×5cm 길이로 채썬다.

조리 순서

지단
부치기

↓

오이
돌려깎기

↓

무채

↓

당근
골패썰기

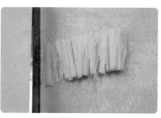 

4 당근은 껍질을 벗겨 0.2×1.5×5cm 크기로 골패썰기를 한다.

point

1 시간이 많이 걸리므로 지단과 재료썰기가 신속히 이루어지도록 많은 연습이 필요하다.

한식 밥조리

02

콩나물밥

30분

요구사항

● **주어진 재료를 사용하여 다음과 같이 콩나물밥을 만드시오.**

가. 콩나물은 꼬리를 다듬고 소고기는 채썰어 간장양념을 하시오.

나. 밥을 지어 전량 제출하시오.

지급재료 목록

쌀	30분 정도 물에 불린 쌀	g	150
콩나물		g	60
소고기	살코기	g	30
대파	흰 부분(4cm 정도)	토막	1/2
마늘	중(깐 것)	쪽	1
진간장		ml	5
참기름		ml	5

● **소고기채양념**

간장 1작은술, 다진대파, 다진마늘 1/2작은술, 참기름

조리 순서

콩나물과
소고기 손질 ➡ 밥짓기

1 냄비에 불린 쌀의 1.0배의 물을 붓
는다.

2 콩나물은 꼬리와 껍질을 제거하고
씻어 놓고 소고기는 0.3cm 두께로
채를 썰어 양념한다.

3 냄비에 담은 쌀 위에 콩나물과 채
썬 고기를 얹어서 센불에서 김이 오
르면 약불로 7~8분 정도 뜸을 들여
불을 끄고 5분 후에 밥을 담는다.

한식 밥조리

03 비빔밥

50분

요구사항

● **주어진 재료를 사용하여 다음과 같이 비빔밥을 만드시오.**

가. 채소, 소고기, 황백지단의 크기는 0.3×0.3×5cm로 써시오.

나. 호박은 돌려깎기하여 0.3×0.3×5cm로 써시오.

다. 청포묵의 크기는 0.5×0.5×5cm로 써시오.

라. 소고기는 고추장 볶음과 고명에 사용하시오.

마. 담은 밥 위에 준비된 재료들을 색 맞추어 돌려 담으시오.

바. 볶은 고추장은 완성된 밥 위에 얹어 내시오.

● **소고기, 고사리양념**

간장 1큰술, 설탕 1/2큰술, 다진 파 1작은술, 다진마늘 1/2작은술, 깨소금, 후추, 참기름

● **약고추장**

다진소고기 10g, 고추장 1큰술, 물 1큰술, 설탕 1/2큰술, 참기름

지급재료 목록

쌀	30분 정도 물에 불린 쌀	g	150
애호박	중(길이 6cm)	g	60
도라지	찢은 것	g	20
고사리	불린 것	g	30
청포묵	중(길이 6cm)	g	40
소고기	살코기	g	30
달걀		개	1
건다시마	5×5cm	장	1
고추장		g	40
식용유		ml	30
대파	흰 부분(4cm 정도)	토막	1
마늘	중(깐 것)	쪽	2
진간장		ml	15
흰설탕		g	15
깨소금		g	5
검은후춧가루		g	1
참기름		ml	5
소금	정제염	g	10

1 쌀은 씻어놓고 나머지 재료는 씻어 놓는다.

2 불린 쌀의 1~1.2배의 물을 붓고 센 불에서 김이 오르면 약불로 8분 정 도 끓이고 불을 끈 후 5분 이상 뜸 을 들인 후 밥을 담는다.

3 애호박은 돌려깎아 0.3×0.3×5cm 로 채썰어 소금에 절여 물기를 짜고 도라지도 같은 크기로 채썰어 소금 을 뿌려 주물러 쓴맛을 뺀다.
4 청포묵은 0.3×0.3×5cm로 썰어 끓 는 물에 데쳐서 소금, 참기름으로 밑간한다.

5 고사리는 5cm로 잘라 양념한다.
6 소고기 2/3는 0.3×0.3×5cm로 채 썰어 양념하고 나머지는 다져서 양 념한다.
7 팬에 황백지단을 부쳐서 0.3×0.3× 5cm로 채썰고 다시마를 튀겨서 잘 게 부수고 도라지, 애호박, 고사리, 소고기 순으로 볶는다.
8 팬에 양념한 다진 소고기를 볶다가 고추장, 설탕, 물을 넣어 약고추장을 만든다.

9 그릇에 밥을 담고 그 위에 볶은 재 료들의 색을 맞추어 돌려 담은 후 약고추장과 다시마 튀김을 올려 완 성한다.

04

한식 죽조리
장국죽

30분

요구사항

● **주어진 재료를 사용하여 다음과 같이 장국죽을 만드시오.**

가. 불린 쌀을 반 정도로 싸라기를 만들어 죽을 쑤시오.

나. 소고기는 다지고 불린 표고는 3cm의 길이로 채써시오.

※ 소고기, 표고버섯양념

간장, 다진 파, 다진마늘, 후추, 깨소금, 참기름

지급재료 목록

쌀	30분 정도 물에 불린 쌀	g	100
소고기	살코기	g	20
건표고버섯	지름 5cm 정도, 물에 불린 것 부서지지 않은 것	개	1
대파	흰 부분(4cm 정도)	토막	1
마늘	중(깐 것)	쪽	1
진간장		ml	10
깨소금		g	5
검은후춧가루		g	1
참기름		ml	10
국간장		ml	10

조리 순서

쌀싸라기 ➡ 고기다지기,
표고채썰기 ➡ 고기,
표고양념 ➡ 볶기 ➡ 죽쑤기

1 쌀은 씻어 건져서 쌀알을 2~3쪽 나게 부순다. (원미죽)

2 소고기는 다지고 표고버섯은 3cm 길이로 채를 썰어 간장, 다진 파, 마늘, 깨소금, 후추, 참기름을 넣어 양념한다.

3 냄비에 참기름을 두르고 다진 쇠고기와 표고를 볶다가 부순 쌀을 넣고 볶아 물 3컵을 넣고 끓이다가 중약불로 끓이며 나무주걱으로 저어가며 넘지 않도록 한다.

4 쌀알이 잘 퍼지면 제출 전 농도를 확인하여 국간장으로 색과 간을 맞추어 마무리한다.

point

1 미리 끓여 놓으면 죽이 불기 때문에 제출 직전 농도를 맞추고 간은 마지막에 맞추어야 죽이 삭지 않는다.
2 쌀과 국물이 잘 어우러지도록 쑨다.

05

한식 국·탕조리

완자탕

30분

요구사항

● 주어진 재료를 사용하여 다음과 같이 완자탕을 만드시오.

가. 완자는 직경 3cm정도로 6개를 만들고, 국의 국물양
   은 200ml 이상 제출하시오.

나. 달걀은 지단과 완자용으로 사용하시오.

다. 고명으로 황백지단(마름모꼴)을 각 2개씩 띄우시오.

● **육수재료**

소고기(사태), 물3컵, 대파, 마늘, 국간장, 소금

● **소고기 두부양념**

소금, 설탕, 다진 파, 마늘, 후추, 깨소금, 참기름

지급재료 목록

소고기	살코기	g	50
소고기	사태부위	g	20
달걀		개	1
대파	흰 부분(4cm 정도)	토막	1/2
밀가루	중력분	g	10
마늘	중(깐 것)	쪽	2
식용유		ml	20
소금	정제염	g	10
검은후춧가루		g	2
두부		g	15
키친타올(종이)	주방용(소 18×20cm)	장	1
국간장		ml	5
참기름		ml	5
깨소금		g	5
흰설탕		g	5

1 육수용 소고기는 핏물을 제거하고 대파, 마늘을 넣고 끓여서 면보에 거른 후 국간장으로 색을 내고 소금으로 간을 한다.

2 완자용 소고기는 핏물을 제거하고 곱게 다지고 두부는 면보에 싸서 물기를 없앤 후 곱게 으깨어 다진 파, 마늘, 소금, 설탕, 후추, 깨, 참기름을 넣고 치대어 직경 3cm인 완자를 6개 만든다.

3 달걀(2/3)은 흰자, 노른자를 분리해서 지단을 부쳐서 1.5×1.5cm 마름모꼴로 2개씩 썰고 2의 완자는 밀가루, 남은 계란물을 묻혀서 굴리면서 지져서 종이타월에 기름을 뺀다.

완자
재료 준비

↓

완자
빚기

↓

완자
지지기

↓

지단
만들기

↓

육수완자
익히기

4 1의 육수를 끓인 후 익힌 완자를 넣고 살짝 데워 육수와 그릇에 담고 고명으로 황백지단을 올려 낸다.

point

1 고기 부위의 사용용도에 유의하고, 육수 국물을 맑게 처리하여 양에 유의한다.
2 주어진 달걀을 지단용과 완자용으로 분리하여 사용한다.

06

두부젓국찌개

20분

요구사항

● 주어진 재료를 사용하여 다음과 같이 두부젓국찌개를 만드
시오.

가. 두부는 2×3×1cm로 써시오.

나. 홍고추는 0.5×3cm, 실파는 3cm 길이로 써시오.

다. 소금과 다진 새우젓의 국물로 간하고, 국물을 맑게
만드시오.

라. 찌개의 국물은 200ml 이상 제출하시오.

지급재료 목록

두부		g	100
생굴	껍질 벗긴 것	g	30
실파	1뿌리	g	20
홍고추(생)		개	1/2
새우젓		g	10
마늘	중(깐 것)	쪽	1
참기름		ml	5
소금	정제염	g	5

조리 순서

홍고추, 실파 썰기	→	새우젓 다지기	→	찌개국물	→	마무리

1 굴은 소금물에 씻어 굴껍질을 골라 건져 놓는다.

2 두부는 2×3×1cm로 썰어 물에 헹 군 뒤 물기를 제거한다.

3 홍고추는 0.5×3cm로 썰고 실파는 3cm 길이로 썬다.

4 마늘은 다지고 새우젓은 건더기를 다져서 국물만 걸러놓는다.

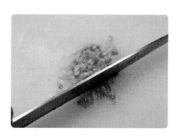

5 끓는 물 2컵에 두부를 넣고 끓이다 가 굴을 넣어 통통해지면 다진마늘, 새우젓국물, 실파, 홍고추, 소금을 넣어서 간을 하고 불끈 후 참기름을 넣어 마무리한다.

point

1 국물과 건더기양은 1:2 비율로 담는다. (국물은 200ml 이상)
2 두부젓국찌개는 오래 끓일수록 굴과 두부가 부서져서 국물이 탁해진다.
3 국물이 맑고 깨끗하도록 한다.
4 거품제거를 잘해야 맑다.

07

한식 찌개조리

생선찌개

30분

요구사항

● 주어진 재료를 사용하여 다음과 같이 생선찌개를 만드시오.

가. 생선은 4~5cm 정도의 토막으로 자르시오.

나. 무, 두부는 2.5×3.5×0.8cm로 써시오.

다. 호박은 0.5cm 반달형, 고추는 통 어슷썰기, 쑥갓과
   파는 4cm로 써시오.

라. 고추장, 고춧가루를 사용하여 만드시오.

마. 각 재료는 익는 순서에 따라 조리하고, 생선살이 부
   서지지 않도록 하시오.

바. 생선머리를 포함하여 전량 제출하시오.

지급재료 목록

동태	300g	마리	1
무		g	60
애호박		g	30
두부		g	60
풋고추	길이 5cm 이상	개	1
홍고추(생)		개	1
쑥갓		g	10
마늘	중(깐 것)	쪽	2
생강		g	10
실파	2뿌리	g	40
고추장		g	30
소금	정제염	g	10
고춧가루		g	10

조리 순서

| 생선 자르기 | → | 무, 두부 썰기 | → | 호박 썰기 | → | 홍고추, 풋고추 썰기 | → | 실파, 쑥갓 썰기 | → | 찌개국물 만들기 | → | 생선찌개 끓이기 |

1 생선은 지느러미와 비늘, 내장을 제거하고 머리를 포함해서 5~6cm 길이로 토막을 낸다.

2 무, 두부는 2.5×3.5×0.8cm두께로 썰고 호박은 0.5cm 두께의 반달 모양으로 썰고 쑥갓과 실파는 4cm 길이로 자르고 홍고추와 풋고추는 0.5cm 두께로 어슷하게 썰어 씨를 턴다.

3 냄비에 물을 끓이다가 고추장을 풀고 자른 무를 넣어 끓이다가 무가 반쯤 익으면 자른 동태를 넣어 끓인다.

4 호박 – 두부 – 다진마늘 – 생강 – 고춧가루와 소금으로 간을 맞추고 홍고추와 풋고추, 실파를 넣고 쑥갓은 살짝만 넣었다 빼고 불을 끈다.

5 그릇에 국물과 건더기를 3:2의 비율로 담고 쑥갓을 위에 올려 담아낸다.

point

1 생선찌개는 오래 끓일수록 맛도 텁텁하고 생선살이 부서져서 국물이 지저분해지기 때문에 생선이 익을 때까지만 끓이고 국물에 떠오르는 거품을 걷어내면서 끓인다.
2 물에 고추장을 풀고 무, 생선, 채소, 두부, 푸른 채소 순으로 넣고 생선찌개를 끓인다.

08

한식 전·적조리

생선전

25분

요구사항

● **주어진 재료를 사용하여 다음과 같이 생선전을 만드시오.**

가. 생선은 세장 뜨기 하여 껍질을 벗겨 포를 뜨시오.

나. 생선전은 0.5×5×4cm로 만드시오.

다. 달걀은 흰자, 노른자를 혼합하여 사용하시오.

라. 생선전은 8개 제출하시오.

지급재료 목록

동태	400g 정도	마리	1
밀가루	중력분	g	30
달걀		개	1
소금	정제염	g	10
흰후춧가루		g	2
식용유		ml	50

조리 순서

생선포 뜨기	➡	전 부치기

1 생선은 머리, 지느러미와 비늘을 제거하고 3장 뜨기를 하여 껍질 쪽을 밑으로 가게 하여 꼬리 쪽에 칼을 넣어 조금 더 벗겨진 껍질을 잡고 칼을 밀면서 껍질을 잡아 당겨 제거한다.

2 손질된 생선살은 5×6×0.4cm로 어슷하게 포를 8장 이상 떠서 소금, 흰 후추로 간을 한다.

3 생선살의 물기를 제거하여 밀가루를 묻히고 달걀물을 씌워서 기름 두른 팬에 속까지 고루 익도록 약한 불로 노릇하게 지진다.

point

1 생선살의 물기를 제거하고 밀가루를 묻혀야 지져낸 후에도 밀가루 옷이 잘 벗겨지지 않는다.
2 생선의 길이로 많이 줄어들게 되므로 손질 시 주의한다.
3 완성 접시에 담을 때 뼈 쪽에 붙어있던 살을 위쪽으로 해서 담는다.
4 시간 안에 할 수 있도록 충분한 연습이 필요하다.
5 달걀물은 수량이 많아 노른자 위주로 쓰면 안된다. 요구사항에도 노른자와 흰자를 같이 사용할 것을 추가해야 한다.

09

한식 전·적조리

육원전

20분

요구사항

● **주어진 재료를 사용하여 다음과 같이 육원전을 만드시오.**

가. 육원전은 직경이 4cm, 두께 0.7cm 정도가 되도록 하시오.

나. 달걀은 흰자, 노른자를 혼합하여 사용하시오.

다. 육원전은 6개를 제출하시오.

● **소고기 두부양념**

소금, 다진 파, 마늘, 설탕, 깨소금, 후추, 참기름

지급재료 목록

소고기	살코기	g	70
두부		g	30
밀가루	중력분	g	20
달걀		개	1
대파	흰 부분(4cm 정도)	토막	1
검은후춧가루		g	2
참기름		ml	5
소금	정제염	g	5
마늘	중(깐 것)	쪽	1
식용유		ml	30
깨소금		g	5
흰설탕		g	5

조리 순서

고기, 두부 다져서 양념하기	→	완자 빚기	→	완자 지지기

1 소고기는 핏물을 제거하여 곱게 다지고 두부도 물기를 제거하여 으깨어 소금, 곱게 다진 파, 마늘, 설탕, 깨소금, 참기름을 넣어 양념하여 끈기가 나게 치대어 소를 만든다.

2 반죽을 직경 4.5cm, 두께 0.6cm 정도의 크기로 6개 빚는다.

3 밀가루를 묻히고 달걀물을 씌워서 기름 두른 팬에 속까지 고루 익도록 약불로 노릇하게 지진다.

point

1 전은 기름의 양을 많이 하지 않고 약불에서 은근히 지져내야 모양이 예쁘다.
2 고기와 두부의 배합에 주의한다.
3 전의 속까지 잘 익도록 한다.
4 모양이 흐트러지지 않게 치대기와 수분제거를 잘 해준다.

10

한식 전 · 적조리

표고전

20분

● **주어진 재료를 사용하여 다음과 같이 표고전을 만드시오.**

가. 표고버섯과 속은 각각 양념하여 사용하시오.

나. 표고전은 5개를 제출하시오.

● **소고기, 두부양념**

소금, 다진 파, 마늘, 설탕, 깨소금, 후추, 참기름

● **표고버섯양념**

간장, 설탕, 참기름 약간씩

재료	비고	단위	수량
건표고버섯	지름 2.5~4cm 정도	개	5
소고기	살코기	g	30
두부		g	15
밀가루	중력분	g	20
달걀		개	1
대파	흰 부분(4cm 정도)	토막	1
검은후춧가루		g	1
참기름		ml	5
소금	정제염	g	5
깨소금		g	5
마늘	중(간 것)	쪽	1
식용유		ml	20
진간장		ml	5
흰설탕		g	5

조리 방법 1 표고버섯은 기둥을 자르고 양념한다.

2 소고기는 핏물을 제거하여 곱게 다 지고 두부도 물기를 제거하여 으깨 어 소금, 다진 파, 마늘, 설탕, 깨소 금, 참기름을 넣어 양념하여 끈기가 나게 치대어 소를 만든다.

조리 순서 3 표고버섯 안쪽에 밀가루를 묻혀 고 기소를 편편하게 채운다.

표고
양념

4 소 넣은 쪽에 밀가루를 묻히고 달걀 물을 씌워서 기름 두른 팬에 약한불 로 노릇하게 지진다.

소고기와
두부 다져서
양념

point

전
부치기

1 달걀물을 묻힐 때 노른자의 양을 많이 하면 색이 예쁘고 표고버섯의 등쪽에 달걀물이 묻으면 표고전이 지저분해진다.
2 소고기와 두부의 수분제거가 잘 되어야 소가 떨어지지 않는다.

11

한식 전·적조리

섭산적

30분

> ## 요구사항

● **주어진 재료를 사용하여 다음과 같이 섭산적을 만드시오.**

가. 고기와 두부의 비율을 3 : 1 정도로 하시오.

나. 다져서 양념한 소고기는 크게 반대기를 지어 석쇠에 구우시오.

다. 완성된 섭산적은 0.7×2×2cm로 9개 이상 제출하시오.

라. 잣가루를 고명으로 얹으시오 .

● **소고기, 두부양념**

소금, 다진파, 마늘, 설탕, 깨소금, 후추, 참기름

● **재료손질**

소고기와 두부 다져서 양념 – 모양 만들어 칼집 – 굽기

> ## 지급재료 목록

소고기	살코기		g	80
두부			g	30
대파	흰 부분(4cm 정도)		토막	1
마늘	중(깐 것)		쪽	1
소금	정제염		g	5
흰설탕			g	10
깨소금			g	5
참기름			ml	5
검은후춧가루			g	2
잣	깐 것		개	10
식용유			ml	30

> ## 조리 순서

소고기, 두부 다져서 양념하기	→	모양 만들어 칼집 넣기	→	굽기

1 소고기는 핏물을 제거하여 곱게 다지고 두부도 물기를 제거하여 으깨어 고기와 두부의 비율이 3:1이 되게 섞어 소금, 다진 파, 마늘, 설탕, 깨소금, 참기름을 넣어 양념하여 끈기가 나게 치대어 소를 만든다.

2 도마에 비닐을 깔고 고기소를 0.6cm 정도가 되게 편편하게 만들어 잔칼집을 넣어 석쇠에 기름을 발라 타지 않게 고루 굽는다.

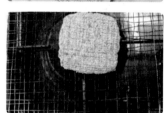

3 구운 섭산적이 식으면 0.7×2×2cm 크기로 썰어 그릇에 담고 잣가루를 뿌려낸다.

point

1 다져서 양념한 소고기는 크게 반대기를 지어 구운 뒤 자른다.
2 고기가 타지 않게 잘 구워지도록 유의한다.
3 고기와 두부의 수분제거가 잘 되어야한다.
4 도마에 식용유를 바른 후 네모나게 모양을 만들기도 한다.
5 식은 후에 잘라야 부서지지 않는다.

12

한식 전·적조리

화양적

35분

● **주어진 재료를 사용하여 다음과 같이 화양적을 만드시오.**

가. 화양적은 0.6×6×6cm로 만드시오.

나. 달걀노른자로 지단을 만들어 사용하시오.

  (단, 달걀흰자 지단을 사용하는 경우 실격으로 처리

  됩니다)

다. 화양적은 2꼬치를 만들고 잣가루를 고명으로 얹으

  시오.

● **소고기양념**

간장 1큰술, 설탕 1/2큰술, 다진대파 1작은술, 다진마늘 1/2작

은술, 깨소금, 후추, 참기름

● **표고양념**

간장1작은술, 설탕1/2작은술, 참기름 약간

지급재료 목록

소고기	살코기(길이 8cm)	g	50
건표고버섯	지름 5cm 정도, 물에 불린 것	개	1
당근	길이 7cm 정도(곧은 것)	g	50
오이	가늘고 곧은 것(20cm 정도)	개	1/2
통도라지	껍질있는 것(길이20cm 정도)	개	1
달걀		개	2
잣	깐 것	개	10
산적꼬치	길이 8~9cm 정도	개	2
진간장		ml	5
대파	흰 부분(4cm 정도)	토막	1
마늘	중(깐 것)	쪽	1
소금	정제염	g	5
흰설탕		g	5
깨소금		g	5
참기름		ml	5
검은후춧가루		g	2
식용유		ml	30

1 오이는 0.6×1×6cm로 썰어 소금물에 절인다.

2 당근과 도라지도 0.6×1×6cm로 썰어 끓는 소금물에 데쳐낸다.

3 소고기는 0.5×1.2×8cm로 썰어 칼집을 넣어 양념하고 표고버섯도 다른 재료들과 같은 크기로 썰어 간장, 설탕, 참기름으로 밑간한다.

4 달걀노른자는 0.6cm 두께로 두껍게 부쳐 다른 재료들과 같은 크기로 썰고 도라지 오이를 볶은후 당근 – 표고버섯 – 소고기 순으로 볶는다.

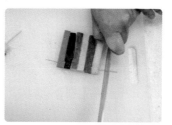

5 산적꼬치에 색을 맞춰 끼우고 꼬치의 양 끝이 1cm가 남도록 꼬치를 자르고 잣을 다져서 화양적 위에 고명으로 뿌려 제출한다.

point

1 끼우는 순서는 색의 조화가 잘 이루어지도록 한다.
2 고기는 익으면 길이가 많이 짧아지므로 다른 재료보다 길이를 길게 자르고 잔 칼집을 준다.

13

한식 전 · 적조리

지짐누름적

35분

요구사항

● **주어진 재료를 사용하여 다음과 같이 지짐누름적을 만드시오.**

가. 각 재료는 0.6×1×6cm로 하시오.

나. 누름적의 수량은 2개를 제출하고, 꼬치는 빼서 제출
하시오.

● **소고기양념**

간장 1큰술, 설탕 1/2큰술, 다진대파 1작은술, 다진마늘 1/2작
은술, 깨소금, 후추, 참기름

● **표고양념**

간장 1작은술, 설탕 1/2작은술, 참기름 약간

지급재료 목록

소고기	살코기(길이 7cm)	g	50
건표고버섯	지름 5cm 정도, 물에 불린 것	개	1
당근	길이 7cm 정도(곧은 것)	g	50
쪽파	중	뿌리	2
통도라지	껍질 있는 것, 길이 20cm 정도	개	1
밀가루	중력분	g	20
달걀		개	1
참기름		ml	5
산적꼬치	길이 8~9cm 정도	개	2
식용유		ml	30
소금	정제염	g	5
진간장		ml	10
흰설탕		g	5
대파	흰 부분(4cm 정도)	토막	1
마늘	중(깐 것)	쪽	1
검은후춧가루		g	2
깨소금		g	5

조리 방법

1 당근과 도라지는 0.6×1×6cm로 썰
어 끓는 물에 데쳐낸다.

2 소고기는 0.4×1.2×7.5cm로 썰어
칼집을 넣어 양념하고 표고버섯도
다른 재료들과 같은 크기로 썰어 간
장, 설탕, 참기름으로 밑간한다.
3 실파는 6cm 길이로 썰어 소금과 참
기름에 재운다.

조리 순서

재료
데치기

재료
양념하기

4 팬에 기름을 두르고 도라지 – 당근
– 표고버섯 – 소고기 순으로 볶는다.

재료
볶기

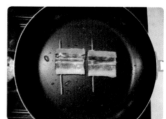

5 산적꼬치는 가늘고, 길고, 매끈하게
손질하여 볶아놓은 재료를 색을 맞
춰 끼워 밀가루와 달걀물 순으로 옷
을 입혀 팬에 눌러가며 지져서 한
김 뺀 후, 꼬치를 빼고 담아낸다.

꼬치
끼우기

지져
내기

point

1 제출면에 밀가루는 충분히 털어 달걀물을 입혀야 재료의 색이 선명하게 나타난다.
2 지져낸 꼬치는 식힌 후 꼬치를 돌려 빼내야 모양이 흐트러지지 않는다.
3 쪽파는 팬에 익혀내지 않는다. 흰대와 푸른대를 적당히 써야 모양도 좋고 색도 예쁘다.

14

한 식 전 · 적 조 리

풋고추전

25분

● **주어진 재료를 사용하여 다음과 같이 풋고추전을 만드시오.**

가. 풋고추는 5cm 길이로, 소를 넣어 지져 내시오.

나. 풋고추는 잘라 데쳐서 사용하며, 완성된 풋고추전은
　　8개를 제출하시오.

● **소고기, 두부양념**

소금, 다진 파, 마늘, 설탕, 깨소금, 후추, 참기름

● **재료손질**

고추 데치기 – 고기와 두부 다져서 양념 – 전 부치기

풋고추	길이 11cm 이상	개	2
소고기	살코기	g	30
두부		g	15
밀가루	중력분	g	15
달걀		개	1
대파	흰 부분(4cm 정도)	토막	1
검은후춧가루		g	1
참기름		ml	5
소금	정제염	g	5
깨소금		g	5
마늘	중(깐 것)	쪽	1
식용유		ml	20
흰설탕		g	5

고추
데치기 → 고기,
두부 다져서
양념하기 → 소
채우기 → 전
부치기

1 풋고추는 길이로 잘라서 반으로 갈
라 씨를 제거하여 5cm 길이로 자른
후 끓는 소금물에 살짝 데쳐 찬물에
식힌다.

2 소고기는 핏물을 제거하여 곱게 다
지고 두부도 물기를 제거하여 으깨
어 소금, 다진 파, 마늘, 설탕, 깨소
금, 참기름을 넣어 양념하여 끈기가
나게 치대어 소를 만든다.

3 고추 안쪽에 밀가루를 묻혀 고기소
를 편편하게 채운다.

4 소 넣은 쪽에 밀가루를 묻히고 달걀
물을 씌워서 기름 두른 팬에 약한
불로 노릇하게 지진다.

point

1 소고기와 두부의 물기 충분히 제거하지 않으면 소가 떨어지는 원인이 된다.
2 고추의 초록색 등 부분은 키친타올에 기름을 묻혀가며 깨끗하게 색을 낸다.
3 전의 양이 적을 때는 달걀물의 노른자 양이 많게 사용하면 색이 좋다.

15

한식 생채 · 회조리
무생채

15분

> 요구사항

● **주어진 재료를 사용하여 다음과 같이 무생채를 만드시오.**

가. 무는 0.2×0.2×6cm 정도 크기로 썰어 사용하시오.

나. 생채는 고춧가루를 사용하시오.

다. 무생채는 70g 이상 제출하시오.

● **무생채양념**

소금 1/3작은술, 생강즙 1/4작은술, 설탕 1/2작은술, 식초 1작
은술, 대파, 마늘, 깨소금 약간씩

> 지급재료 목록

무		g	120	길이 7cm
소금	정제염	g	5	
고춧가루		g	10	
흰설탕		g	10	
식초		ml	5	
대파	흰 부분(4cm 정도)	토막	1	
마늘	중(깐 것)	쪽	1	
깨소금		g	5	
생강		g	5	

> 조리 순서

무
채썰기 ➡ 고춧가루
물들이기 ➡ 양념하기

1 무는 0.2×0.2×6cm 크기로 가늘고
  일정하게 채를 썬다.

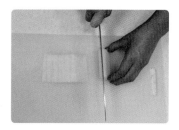

2 손질한 무에 고운 고춧가루를 넣어
  물을 들여 준다.

3 생강은 곱게 다지고 대파, 마늘도
  곱게 다져 무생채양념을 만든다.

4 손질한 무에 생채양념을 조금씩 넣
  어가며 골고루 베이도록 버무려 소
  복하게 담아낸다.

point

1 고춧가루는 고운체에 내려 사용해야 색이 곱다
2 무채는 길이와 굵기를 일정하게 썰고 무채의 색에 유의한다.
3 무쳐 놓은 생채는 싱싱하고 깨끗하게 한다.
4 식초와 설탕의 간을 맞추는 데 유의한다.
5 완성된 양에 주의한다. (70g 이상)

16

한식 생채 · 회조리

도라지생채

15분

요구사항

● **주어진 재료를 사용하여 다음과 같이 도라지생채를 만드시오.**

가. 도라지는 0.3×0.3×6cm로 써시오.

나. 생채는 고추장과 고춧가루 양념으로 무쳐 제출하시오.

● **도라지생채양념**

고추장 1큰술, 고운 고춧가루 1작은술, 설탕 1/2큰술, 식초 1/2 큰술, 대파, 마늘, 깨소금 약간씩

지급재료 목록

통도라지	껍질 있는 것	개	3
소금	정제염	g	5
고추장		g	20
흰설탕		g	10
식초		ml	15
대파	흰 부분(4cm 정도)	토막	1
마늘	중(깐 것)	쪽	1
깨소금		g	5
고춧가루		g	10

조리 순서

도라지
썰기 → 도라지
손질 → 초고추장

1 도라지는 껍질을 벗겨 0.3×0.3×6cm 크기로 썰어서 소금물에 문질러 씻어 쓴맛을 제거하여 찬물로 헹구어 면보에 물기를 짠다.

2 대파, 마늘을 곱게 다져 도라지생채 양념장을 만든다.

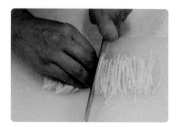 

3 손질한 도라지에 생채양념장을 조금씩 넣어가며 골고루 베이도록 버무려 소복하게 담아낸다.

point

1 도라지는 굵기와 길이를 일정하게 한다.
2 양념이 거칠지 않고 색이 고와야 한다.
3 수준제거를 잘 해야 물기가 생기지 않는다.
4 생채는 내기 직전에 무친다.

17

더덕생채

20분

● **주어진 재료를 사용하여 다음과 같이 더덕생채를 만드시오.**

가. 더덕은 5cm로 썰어 두들겨 편 후 찢어서 쓴맛을 제거
하여 사용하시오.

나. 고춧가루로 양념하고, 전량 제출하시오.

● **더덕생채양념장**

고운 고춧가루 1큰술, 설탕 1/2큰술, 식초 1/2큰술, 대파, 마늘,
깨소금 약간씩

지급재료 목록

통더덕	껍질 있는 것, 길이 10~15cm 정도	개	2
마늘	중(깐 것)	쪽	1
흰설탕		g	5
식초		ml	5
대파	흰 부분(4cm 정도)	토막	1
소금	정제염	g	5
깨소금		g	5
고춧가루		g	20

조리 순서

더덕 손질	→	더덕 찢기	→	고춧가루 물들이기	→	양념 하기

1 더덕은 깨끗이 씻어 껍질을 돌려가 며 벗겨서 5cm 길이로 썰어 반을 갈 라 소금물에 담가 쓴맛을 제거하여 물기를 제거하여 밀대로 밀어 편다.

2 손질한 더덕은 5cm 길이로 가늘고 길게 찢는다.

3 대파, 마늘을 곱게 다져 더덕생채양 념장을 만든다.

4 손질한 더덕에 양념장을 조금씩 넣 어가며 골고루 베이도록 버무려 소 복하게 담아낸다.

point

1 무쳐진 상태가 깨끗하고 빛이 고와야 한다.
2 고춧가루를 체에 내려 사용하면 생채가 곱다.
3 더덕을 두드릴 때 부스러지지 않도록 한다.

18

한식 생채 · 회조리

겨자냉채

35분

요구사항

● **주어진 재료를 사용하여 다음과 같이 겨자채를 만드시오.**

가. 채소, 편육, 황백지단, 배는 0.3×1×4cm로 써시오.

나. 밤은 모양대로 납작하게 써시오.

다. 겨자는 발효시켜 매운맛이 나도록 하여 간을 맞춘 후
   재료를 무쳐서 담고, 통잣을 고명으로 올리시오.

● **겨자초장**

발효겨자 1큰술, 설탕과 식초 2큰술씩, 소금 1/2작은술, 간장
1~2방울

지급재료 목록

양배추	길이 5cm	g	50
오이	가늘고 곧은 것(20cm 정도)	개	1/3
당근	길이 7cm 정도(곧은 것)	g	50
소고기	살코기 5cm 길이	g	50
밤	중(생 것), 껍질 깐 것	개	2
달걀		개	1
배	중(길이로 등분) 50g 정도	개	1/8
흰설탕		g	20
잣	깐 것	개	5
소금	정제염	g	5
식초		ml	10
진간장		ml	5
겨자가루		g	6
식용유		ml	10

1 냄비에 물을 끓여 소고기를 넣어 편육을 만들어 0.3×1×4cm 크기로 썬다.

2 겨자가루에 따뜻한 물을 넣어 되직하게 갠 후 냄비뚜껑 위에 엎어서 10분 정도 발효시킨다.

3 양배추, 당근, 오이는 0.3×1×4cm 크기로 썰어 찬물에 아삭하게 담가 놓는다.

4 배는 0.3×1×4cm 크기로 썰어 설탕물에 담갔다 꺼낸다.

5 밤은 납작하게 편썬다.

6 달걀은 흰자와 노른자를 분리하여 알끈과 거품을 제거하고 황백지단을 부쳐 0.3×1×4cm크기로 썬다.

7 발효시킨 겨자에 식초, 간장, 설탕을 섞어 겨자초장을 만들어 편육고기, 준비한 재료를 버무리고 통잣은 고깔을 떼어 고명으로 올려 낸다.

편육고기
익히기

재료
썰기

겨자소스
버무리기

point

1 채소는 싱싱하게 아삭거릴 수 있도록 준비한다.
2 겨자는 매운맛이 나도록 준비한다.
3 제출하기 직전에 겨자소스에 버무린다.

비늘잣
고명준비

19

육회

20분

요구사항

● **주어진 재료를 사용하여 다음과 같이 육회를 만드시오.**

가. 소고기는 0.3×0.3×6cm로 썰어 소금 양념으로 하시오.

나. 배는 0.3×0.3×5cm로 변색되지 않게 하여 가장자리에 돌려 담으시오.

다. 마늘은 편으로 썰어 장식하고 잣가루를 고명으로 얹으시오.

다. 소고기는 손질하여 전량 사용하시오.

지급재료 목록

소고기	살코기	g	90	
배	중, 100g	개	1/4	100g 정도 지급
잣	깐 것	개	5	
소금	정제염	g	5	
마늘	중(깐 것)	쪽	3	
대파	흰 부분(4cm 정도)	토막	2	
검은후춧가루		g	2	
참기름		ml	10	
흰설탕		g	30	
깨소금		g	5	

● **육회 소고기 양념**

소금 1/4작은술, 설탕 1작은술, 다진 파, 마늘, 깨소금, 후추, 참기름

조리 순서

| 고기
채썰기 | → | 양념
다지기 | → | 고기양념 | → | 배썰기
전처리 | → | 마늘편 | → | 잣가루
다지기 |

1 소고기는 위생타월로 핏물을 제거하여 0.3×0.3×6cm 크기로 고르게 채를 썬다.

2 마늘 일부는 편으로 얇게 썰고 나머지 마늘과 대파를 곱게 다진 뒤, 소금, 설탕, 참기름, 깨소금, 후추를 섞어 양념을 만든다.

3 배는 두께 0.3cm, 길이 5cm 정도로 채를 썰어 설탕물에 담근다.

4 배의 물기를 제거하여 완성접시의 가장자리에 배를 돌려 담고 중앙에 양념한 고기를 담고 고기둘레에 마늘 편을 붙이고 잣가루를 올려 낸다.

point

1 원래 육회는 결반대로 썰어야 부드러우나 시험장에서는 길이가 나오는 쪽으로 썰면 된다.
2 소고기 양념은 제출하기 직전에 무쳐낸다.
3 배와 양념한 소고기의 변색에 주의한다.

20

한식 생채 · 회조리

미나리강회

35분

요구사항

● **주어진 재료를 사용하여 다음과 같이 미나리강회를 만드시오.**

가. 강회의 폭은 1.5cm, 길이는 5cm정도로 하시오.

나. 붉은 고추의 폭은 0.5cm, 길이는 4cm정도로 하시오.

다. 달걀은 황백지단으로 사용하시오.

라. 강회는 8개 만들어 초고추장과 함께 제출하시오.

● **초고추장**

고추장 1큰술, 설탕 1작은술, 식초 1작은술

지급재료 목록

소고기	살코기(길이 7cm)	g	80
미나리	줄기 부분	g	30
홍고추(생)		개	1
달걀		개	2
고추장		g	15
식초		ml	5
흰설탕		g	5
소금	정제염	g	5
식용유		ml	10

조리 순서

끓는 물 준비 → 편육 삶기 → 미나리 데치기 → 황백지단 만들기 → 미나리 말기 → 초고추장

1 미나리는 끓는 물에 소금을 넣어
 데쳐 헹구어 굵은 부분을 반으로
 가른다.

2 소고기는 끓는 물에 덩어리째 삶아
 식힌 후 길이 폭 1.5cm, 두께 0.3cm,
 길이 5cm의 편육으로 썬다.

3 달걀은 흰자와 노른자를 분리하여
 알끈과 거품을 제거하고 황백지단으
 로 부쳐 편육과 같은 크기로 썬다.

4 홍고추는 씨를 빼고 길이 4cm 폭
 0.5cm로 썬다.

5 편육, 황백지단, 홍고추를 포개어
 미나리는 가운데를 3~4번 정도 감
 는다.

6 초고추장을 곁들여 낸다.

point

1 각 재료의 크기를 같게 한다.
 (붉은고추 폭은 제외)
2 색깔은 조화있게 만든다.

21

한식 조리 조림·초조리

두부조림

25분

요구사항

● **주어진 재료를 사용하여 다음과 같이 두부조림을 만드시오.**

가. 두부는 0.8×3×4.5cm로 써시오.

나. 8쪽을 제출하고, 촉촉하게 보이도록 국물을 약간 끼얹어 내시오.

다. 실고추와 파채를 고명으로 얹으시오.

● **양념장**

간장 1큰술, 설탕 1/2큰술, 다진대파, 다진마늘, 깨소금, 후추, 참기름

지급재료 목록

두부		g	200
대파	흰 부분(4cm 정도)	토막	1
실고추		g	1
검은후춧가루		g	1
참기름		ml	5
소금	정제염	g	5
마늘	중(깐 것)	쪽	1
식용유		ml	30
진간장		ml	15
깨소금		g	5
흰설탕		g	5

조리 순서

두부 썰기	→	양념 하기	→	지져 내기

1 두부는 0.8×3×4.5cm의 크기로 8개를 썰어 소금을 뿌려둔다.

2 대파와 실고추는 2cm길이로 자른다.

3 대파, 마늘을 곱게 다져 양념장을 만든다.

4 팬에 기름을 두르고 두부의 물기를 제거하고 앞뒤로 노릇하게 지져서 냄비에 두부를 넣고 양념장을 넣고 물 6큰술을 넣어 조린다.

5 국물이 2큰술 남을 때까지 조려서 대파채와 실고추를 올려 완성한다.

point

1 두부는 수분을 충분히 제거해야 팬에서 구울 때 노릇노릇한 색을 얻을 수 있다.

2 조림을 할 때 뚜껑을 열고 국물을 끼얹어 가며 서서히 조림을 하면 간이 골고루 베어들고 윤기나게 조려진다.

22

한식 조림 · 초조리

홍합초

20분

요구사항

● **주어진 재료를 사용하여 다음과 같이 홍합초를 만드시오.**

가. 마늘과 생강은 편으로, 파는 2cm로 써시오.

나. 홍합은 데쳐서 전량 사용하고, 촉촉하게 보이도록 국
　물을 끼얹어 제출하시오.

다. 잣가루를 고명으로 얹으시오.

● **조림장**
물 5큰술, 간장 2큰술, 설탕 1큰술, 후추

지급재료 목록

생홍합	굵고 싱싱한 것, 껍질 벗긴 것으로 지급	g	100
대파	흰 부분(4cm 정도)	토막	1
검은후춧가루		g	2
참기름		ml	5
마늘	중(깐 것)	쪽	2
진간장		ml	40
생강		g	15
흰설탕		g	10
잣	깐 것	개	5

조리 순서

홍합 데치기 → 양념 재료 → 조리기

1 홍합은 가위로 수염을 제거하고 옅은 소금물에 씻어 끓는 물에 데친다.

2 대파는 2cm 길이의 통으로 썰고 마늘과 생강은 편으로 썬다.

3 냄비에 물 4큰술과 간장, 설탕, 후추를 넣은 조림장에 홍합과 마늘, 생강, 대파를 넣어 조리다가 국물이 1큰술 남을 때에 참기름을 넣고 불을 끈다.

4 잣은 종이위에 보슬보슬하게 다진다.

5 조려진 홍합을 담고 국물을 촉촉하게 끼얹어 잣가루를 고명으로 뿌린다.

point

1 마늘과 생강은 너무 얇게 편을 썰면 쉽게 물러진다.
2 홍합의 수염을 제거한다.

23

너비아니구이

25분

● 주어진 재료를 사용하여 다음과 같이 너비아니구이를 만드시오.

가. 완성된 너비아니는 0.5×4×5cm로 하시오.

나. 석쇠를 사용하여 굽고, 6쪽 제출하시오.

다. 잣가루를 고명으로 얹으시오.

● 소고기양념

간장 2큰술, 설탕 1큰술, 다진 파, 마늘, 깨소금, 후추, 참기름+배즙 1큰술

지급재료 목록

소고기	안심 또는 등심	g	100	덩어리로
진간장		ml	50	
대파	흰 부분(4cm 정도)	토막	1	
마늘	중(깐 것)	쪽	2	
검은후춧가루		g	2	
흰설탕		g	10	
깨소금		g	5	
참기름		ml	10	
배		개	1/8	50g
식용유		ml	10	
잣	깐 것	개	5	

조리 순서

고기
손질 → 양념장
만들기 → 양념
하기 → 고기
굽기

1 소고기는 핏물을 제거하여 5×6×
0.4cm 정도로 6장 이상 썰어 칼로
자근자근 두들겨 오그라들지 않게
한다.

2 배는 강판에 갈아 면보에 짜서 즙을
내어 대파, 마늘을 곱게 다져서 소
고기양념장에 넣어 손질한 고기를
한 장씩 재운다.

3 석쇠를 달군 후 기름을 바르고 재워
둔 고기를 중불에서 타지 않게 양념
장을 앞뒤로 발라가며 윤기나게 굽
는다.

4 잣은 종이위에 보슬보슬하게 다진다.

5 잘 구워진 고기를 담고 잣가루를 뿌
린다.

point

1 고기가 연하도록 손질한다.
2 구워진 정도와 모양과 색깔에 유의하여 굽는다.

한식 구이조리
24

제육구이

30분

요구사항

● **주어진 재료를 사용하여 다음과 같이 제육구이를 만드시오.**

가. 완성된 제육은 0.4×4×5cm 정도로 하시오.

나. 고추장 양념하여 석쇠에 구우시오.

다. 제육구이는 전량 제출하시오.

● **제육구이고추장양념**

고추장 2큰술, 설탕 1큰술, 간장 1작은술, 대파, 마늘, 생강, 깨소금, 참기름 약간씩

지급재료 목록

돼지고기	등심 또는 볼깃살	g	150
고추장		g	40
진간장		ml	10
대파	흰 부분(4cm 정도)	토막	1
마늘	중(깐 것)	쪽	2
검은후춧가루		g	2
흰설탕		g	15
깨소금		g	5
참기름		ml	5
생강		g	10
식용유		ml	10

조리 순서

고기 손질	→	양념장 만들기	→	양념 하기	→	고기 굽기

조리 방법

1 돼지고기는 0.3×4.5×5cm정도로 썰어 칼로 자근자근 두들겨 오그라들지 않게 한다.

2 대파, 마늘. 생강을 곱게 다져 제육구이양념장을 만들어 손질한 고기를 한 장씩 재운다.

3 석쇠를 달군 후 기름을 바르고 재워둔 고기를 중불에서 타지 않게 양념장을 앞뒤로 발라가며 윤기나게 굽는다.

point

1 구워진 표면이 마르지 않도록 한다.
2 구워진 고기의 모양과 색깔에 유의하여 굽는다.
3 고기에 양념이 많으면 고기가 익기도 전에 양념만 탈 수 있으므로 양념을 조금씩 덧발라 가며 굽는다.
4 양념이 너무 묽으면 석쇠에 구울 때 흘러내리므로 너무 묽게는 하지 않는다.
5 완벽하게 익혀낸다.

25

한식 구이조리

북어구이

20분

요구사항

● 주어진 재료를 사용하여 다음과 같이 북어구이를 만드시오.

가. 구워진 북어의 길이는 5cm로 하시오.

나. 유장으로 초벌구이 하고, 고추장 양념으로 석쇠에 구우시오.

다. 완성품은 3개를 제출하시오. (단, 세로로 잘라 3/6토막 제출할 경우 수량부족으로 미완성 됩니다)

● 유장

참기름 1큰술, 간장 1작은술

● 북어포구이고추장양념

고추장 2큰술, 설탕 1큰술, 간장, 대파, 마늘, 깨소금, 참기름 약간씩

지급재료 목록

재료	비고	단위	수량
북어포	반을 갈라 말린 껍질이 있는 것(40g)	마리	1
진간장		ml	20
대파	흰 부분(4cm 정도)	토막	1
마늘	중(깐 것)	쪽	2
고추장		g	40
백설탕		g	10
깨소금		g	5
참기름		ml	15
검은후춧가루		g	2
식용유		ml	10

조리 순서

북어포 손질 ➡ 유장 처리 ➡ 양념장 만들기 ➡ 양념 하기 ➡ 굽기

조리 방법

1 북어포는 충분히 물에 불려 머리, 지느러미를 정리하여 6cm 정도의 길이로 세 쪽을 내어 껍질 쪽에 칼집을 골고루 넣어 오그라들지 않게 한다.

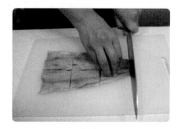

2 수분이 제거된 북어포를 간장과 참기름을 1:3의 비율로 섞은 유장에 재운다.

3 대파, 마늘을 곱게 다져 북어포구이 양념장을 만든다.

4 석쇠를 달구어 유장 처리한 북어포를 초벌구이하고 고추장양념을 골고루 발라서 타지 않게 발라서 접시에 가지런히 담아낸다.

point

1 북어는 초벌구이에서 거의 익힌 후 양념장을 바르고 타지 않게 구워낸다.
2 북어포를 물에 너무 오래불리면 살이 부서진다.
3 굽다가 탄 양념은 떼어 내고 제출한다.

26

한식 구이조리

더덕구이

30분

▷ 요구사항

● **주어진 재료를 사용하여 다음과 같이 더덕구이를 만드시오.**

가. 더덕은 껍질을 벗겨 사용하시오.

나. 유장으로 초벌구이 하고, 고추장 양념으로 석쇠에 구 우시오.

다. 완성품은 전량 제출하시오.

● **유장**

참기름 1큰술, 간장 1작은술

● **고추장양념**

고추장 2큰술, 설탕 1큰술, 간장, 대파, 마늘, 깨소금, 참기름 약간씩

▷ 지급재료 목록

통더덕	껍질 있는 것, 길이 10~15cm 정도	개	3
진간장		ml	10
대파	흰 부분(4cm 정도)	토막	1
마늘	중(깐 것)	쪽	1
고추장		g	30
흰설탕		g	5
깨소금		g	5
참기름		ml	10
소금	정제염	g	10
식용유		ml	10

▷ 조리 순서

더덕손질 → 유장 처리 → 애벌 구이 → 양념 → 양념에 재워 굽기

1 더덕은 깨끗이 씻어 껍질을 돌려가
며 벗겨서 5cm 정도 길이로 잘라
소금물에 쓴맛을 제거한 후 밀대로
밀어편다.

2 물기를 제거하고 간장과 참기름을
1:3의 비율로 섞은 유장을 발라둔다.

3 더덕구이 고추장양념을 준비한다.

4 석쇠를 달구어 유장 처리한 더덕을
초벌구이하고 고추장양념을 타지
않게 골고루 발라서 접시에 가지런
히 담아낸다.

point

1 껍질 벗긴 더덕은 쪼갠 후 소금물에 담가 쓴맛 제거한다.
2 더덕은 면보에 올려 덮은 후 밀대로 밀어 펴면 부서지지 않는다.
3 전량 제출한다.

27

한식 구이조리

생선양념구이

30분

요구사항

● **주어진 재료를 사용하여 다음과 같이 생선양념구이를 만드시오.**

가. 생선은 머리와 꼬리를 포함하여 통째로 사용하고 내장은 아가미 쪽으로 제거하시오.

나. 칼집 넣은 생선은 유장으로 초벌구이 하고, 고추장 양념으로 석쇠에 구우시오.

다. 생선구이는 머리 왼쪽, 배 앞쪽 방향으로 담아내시오.

지급재료 목록

조기	100g~120g 정도	마리	1
진간장		ml	20
대파	흰 부분(4cm 정도)	토막	1
마늘	중(깐 것)	쪽	1
고추장		g	40
흰설탕		g	5
깨소금		g	5
참기름		ml	5
소금	정제염	g	20
검은후춧가루		g	2
식용유		ml	10

조리 순서

생선손질 → 유장처리 → 애벌구이 → 양념 → 양념 재워 굽기

조리 방법

1 생선은 비늘을 긁고 지느러미를 정리한다. 아가미나 입에 나무젓가락을 넣어 내장을 꺼낸 다음 깨끗이 씻어 물기를 제거하여 생선의 앞뒷면에 2cm 정도로 3번의 칼집을 넣어 소금을 뿌려 절인다.

2 대파, 마늘을 곱게 다져 생선구이 양념장을 만든다.

3 절인 생선은 헹구어 물기를 닦고 간장과 참기름을 1:3의 비율로 섞은 유장을 골고루 발라서 재운다.

4 석쇠를 달군 후 기름을 바르고 재워둔 생선을 중불에서 애벌구이(90% 이상 익힘)한 후 타지 않게 양념장을 앞뒤로 발라가며 윤기나게 굽는다.

point

1 칼집을 넣을 때 내장 쪽이 아닌 생선의 등 쪽으로 칼을 비스듬히 기울여 칼집을 낸다.
2 생선을 담을 때 방향을 고려해야 한다.

5 구워진 생선은 머리가 왼쪽, 꼬리가 오른쪽, 배가 아래쪽(내 앞쪽)을 향하도록 담아낸다.

28

잡채

한식 숙채조리

35분

▷ 요구사항 ◁

● **주어진 재료를 사용하여 다음과 같이 잡채를 만드시오.**

가. 소고기, 양파, 오이, 당근, 도라지, 표고버섯은 0.3×0.3×6cm정도로 썰어 사용하시오.

나. 숙주는 데치고 목이버섯은 찢어서 사용하시오.

다. 당면은 삶아서 유장처리하여 볶으시오.

라. 황백지단은 0.2×0.2×4cm로 썰어 고명으로 얹으시오.

● **소고기, 표고, 목이양념**

간장 1큰술, 설탕 1/2큰술, 다진 파 1작은술, 다진마늘 1/2작은술, 깨소금, 후추, 참기름

▷ 지급재료 목록 ◁

당면		g	20
소고기	살코기	g	30
건표고버섯	지름 5cm 정도, 물에 불린 것	개	1
건목이버섯	지름 5cm 정도, 물에 불린 것	개	2
양파	중(150g 정도)	개	1/3
오이	가늘고 곧은 것(20cm 정도)	개	1/3
당근	길이 7cm 정도(곧은 것)	g	50
통도라지	껍질 있는 것, 길이 20cm 정도	개	1
숙주	생 것	g	20
흰설탕		g	10
대파	흰 부분(4cm 정도)	토막	1
마늘	중(깐 것)	쪽	2
진간장		ml	20
식용유		ml	50
깨소금		g	5
검은후춧가루		g	1
참기름		ml	5
소금	정제염	g	15
달걀		개	1

조리 방법 ‹

1 오이는 돌려깎아 0.3×0.3×6cm로 채를 썰어 소금에 절여 물기를 짜고 당근도 오이와 같은 크기로 채썬다.
2 도라지와 소고기, 표고버섯도 0.3× 0.3×6cm 크기로 채썰어 도라지는 소금물에 쓴맛을 빼고 소고기와 표고는 양념하고 양파도 같은 크기로 썬다.
3 목이버섯은 적당한 크기로 찢어서 양념한다.

조리 순서 ‹

재료세척

↓

분리

↓

숙주
데치기

↓

당면
삶기

↓

재료썰기
와 양념

↓

재료
볶기

↓

섞기

↓

버무려
담기

↓

고명

4 물에 불린 당면은 끓는 물에 익혀서 간장, 설탕, 참기름을 넣어 밑간한다.

5 숙주는 거두절미하여 데쳐서 소금, 참기름으로 밑간한다.
6 달걀은 흰자와 노른자를 분리하여 알끈과 거품을 제거하고 황백지단을 부쳐 0.2×0.2×4cm 길이로 가늘게 채썬다.

7 팬을 달구어 도라지, 양파, 오이, 당근, 소고기, 표고, 목이버섯의 순서로 따로따로 볶아 식힌다.
8 팬에 당면을 볶아서 미리 볶아서 손질해 놓은 재료를 섞어 간장, 설탕, 참기름, 깨소금으로 간을 하여 고루 버무린다.

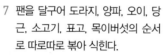
point

1 재료가 많으므로 각 재료의 일정한 양만 손질해야 시간을 절약할 수 있다.
2 당면은 물에 불린 후 삶아 헹군 후 가위로 잘라 유장 처리한 후 볶아야 좋다.

29

한식 숙채조리

탕평채

35분

요구사항

● **주어진 재료를 사용하여 다음과 같이 탕평채를 만드시오.**

가. 청포묵은 0.4×0.4×6cm로 썰어 데쳐서 사용하시오.

나. 모든 부재료의 길이는 4~5cm로 써시오.

다. 소고기, 미나리, 거두절미한 숙주는 각각 조리하여 청포묵과 함께 초간장으로 무쳐 담아내시오.

라. 황백지단은 4cm 길이로 채썰고, 김은 구워 부셔서 고명으로 얹으시오.

● **소고기양념**

간장 1작은술, 설탕 1/2작은술, 다진 파, 마늘, 깨소금, 후추, 참기름

● **초간장**

간장 1큰술, 식초 1작은술, 설탕 1작은술

지급재료 목록

청포묵	중(길이 6cm)	g	150
소고기	살코기	g	20
숙주	생 것	g	20
미나리	줄기 부분	g	10
달걀		개	1
김		장	1/4
진간장		ml	20
마늘	중(깐 것)	쪽	2
대파	흰 부분(4cm 정도)	토막	1
검은후춧가루		g	1
참기름		ml	5
흰설탕		g	5
깨소금		g	5
식초		ml	5
소금	정제염	g	5
식용유		ml	10

1 냄비에 물을 끓이면서 청포묵은 0.4 ×0.4×6cm 굵기로 일정하게 채썰어 살짝 데쳐서 소금, 참기름으로 밑간한다.

2 소고기는 0.2×0.2×5cm 곱게 채썰어 다진대파, 마늘을 넣어 양념하여 볶아 놓는다.

3 숙주는 거두절미하고 미나리는 4cm로 썰어 각각 데친다.

4 달걀은 흰자와 노른자를 분리하여 알끈과 거품을 제거하고 황백지단을 부쳐 4cm 길이로 가늘게 채썰고 김은 직화구이하여 부순다.

5 식초, 간장, 설탕을 섞어 초간장을 만들어 청포묵과 고기, 숙주를 먼저 무치고 미나리를 넣어 버무려 담아 고명으로 김가루와 달걀지단을 얹어 낸다.

point

1 청포묵이 일정하게 썰리도록 주의한다.
2 초간장을 한번에 넣고 버무리지 않고 조금씩 넣어 가면서 버무린다.

30

칠절판

40분

● **주어진 재료를 사용하여 다음과 같이 칠절판을 만드시오.**

가. 밀전병은 직경 8cm 되도록 6개를 만드시오.

나. 채소와 황백지단, 소고기는 0.2×0.2×5cm 정도로 써시오.

다. 석이버섯은 곱게 채를 써시오.

● **소고기양념**

간장 1작은술, 설탕 1/2작은술, 다진 파, 마늘, 깨소금, 후추, 참기름

소고기	살코기	g	50
오이	가늘고 곧은 것(20cm 정도)	개	1/2
당근	길이 7cm 정도(곧은 것)	g	50
달걀		개	1
석이버섯	부서지지 않은 것(마른 것)	g	5
밀가루	중력분	g	50
진간장		ml	20
마늘	중(깐 것)	쪽	2
대파	흰 부분(4cm 정도)	토막	1
검은후춧가루		g	1
참기름		ml	10
흰설탕		g	10
깨소금		g	5
식용유		ml	30
소금	정제염	g	10

92   NCS 원턴킬 한식조리기능사 실기시험문제

조리 방법

1 밀가루와 물, 소금을 넣어 밀전병 재료를 섞어놓는다.

2 오이는 돌려깎아 0.2×0.2×5cm로 채를 썰어 소금에 절여 물기를 짜고 당근도 오이와 같은 크기로 채썬다.

조리 순서

재료분리 손질

↓

밀전병 반죽

↓

재료 썰기, 양념

↓

밀전병

↓

재료 볶기

↓

완성그릇 에 색 맞춰 담기

3 소고기도 0.2×0.2×5cm로 썰어 다 진대파와 마늘을 넣어 양념한다.
4 석이버섯도 손질하여 채썰어 소금, 참기름으로 밑간한다.

5 팬을 달구어 밀전병을 직경 8cm로 6장을 얇게 부쳐내고 달걀은 황백 으로 나누어 지단을 부쳐 0.2×0.2 ×5cm로 채썰고 오이, 당근, 석이버 섯, 소고기 순으로 볶아서 접시 중 앙에 밀전병을 놓고 6가지 재료의 색을 맞추어 돌려 담는다.

point

1 밀전병의 반죽상태에 유의한다.
2 완성된 채소색깔이 퇴색되지 않도록 주의한다.

31

한식 볶음조리

오징어볶음

30분

● 주어진 재료를 사용하여 다음과 같이 오징어 볶음을 만드시오.

가. 오징어는 0.3cm 폭으로 어슷하게 칼집을 넣고, 크기
   는 4×1.5cm 정도로 써시오.
   (단, 오징어 다리는 4cm 길이로 자른다)

나. 고추, 파는 어슷썰기, 양파는 폭 1cm로 써시오.

● **양념장**

고추장 2큰술, 고춧가루 1큰술, 설탕 1큰술, 간장 1작은술, 생
강, 대파, 마늘다진 것, 깨소금, 후추, 참기름 약간씩

물오징어	250g 정도	마리	1
소금	정제염	g	5
진간장		ml	10
흰설탕		g	20
참기름		ml	10
깨소금		g	5
풋고추	길이 5cm 이상	개	1
홍고추(생)		개	1
양파	중(150g 정도)	개	1/3
마늘	중(깐 것)	쪽	2
대파	흰 부분(4cm 정도)	토막	1
생강		g	5
고춧가루		g	15
고추장		g	50
검은후춧가루		g	2
식용유		ml	30

1 오징어는 배를 갈라 내장을 제거한 후, 소금으로 껍질을 벗기고 씻어서 몸통 안쪽에 0.3cm 간격으로 가로, 세로로 어슷하게 칼집을 넣어 가로 4cm, 세로 1.5cm 크기로 썰고 다리는 4cm 길이로 자른다.

2 양파는 1cm 너비로 자르고 홍고추, 풋고추는 0.8cm 두께로 어슷썰어 씨를 털어내고 대파도 어슷썬다.

오징어
칼집내기

↓

고추, 양파
썰기

↓

양념장
만들기

↓

오징어
볶기

3 마늘과 생강은 다져서 양념장을 만든다.

4 팬에 식용유를 두르고 양파와 양념장을 볶다가 오징어를 넣고 볶아 모양이 생기면 양념장(2/3)을 넣고 고루 섞어 볶다가 남은 양념장(1/3), 대파, 홍고추, 풋고추를 넣고 볶아 참기름을 두르고 완성접시에 칼집을 낸 몸통 부분이 위로 보이도록 채소와 함께 담아낸다.

point

1 오징어에 대각선 칼집을 넣을 때 칼을 기울여서 칼집을 주면 오징어 모양이 더 예쁘다.
2 오징어가 익은 후 양념장을 넣으면 잘 타지 않게 볶을 수 있다.

32

김치조리

배추김치

35분

> ## 요구사항

● **주어진 재료를 사용하여 다음과 같이 보쌈김치를 만드시오.**

가. 배추는 씻어 물기를 빼시오.

나. 찹쌀가루로 찹쌀풀을 쑤어 식혀 사용하시오.

다. 무는 0.3×0.3×5cm 크기로 채 썰어 고춧가루로 버무려 색을 들이시오.

라. 실파, 갓, 미나리, 대파(채썰기)는 4cm로 썰고, 마늘, 생강, 새우젓은 다져 사용하시오.

마. 소의 재료를 양념하여 버무려 사용하시오.

바. 소의 배춧잎 사이사이에 고르게 채워 반을 접어 바깥 잎으로 전체를 싸서 담아내시오.

> ## 지급재료 목록

절인 배추	포기당 2.5~3kg	포기	1/4	1/4포기당 500~600g
무	길이 5cm 이상	g	100	
실파		g	20	쪽파 대체가능
갓		g	20	적겨자 대체가능
마늘	중(깐 것)	쪽	2	
생강		g	10	
미나리	줄기 부분	g	10	
찹쌀가루	건식가루	g	10	
새우젓		g	20	
멸치액젓		ml	10	
대파	흰 부분(4cm)	토막	1	
고춧가루		g	50	
소금	제제염	g	10	
흰설탕		g	10	

1 절인 배추를 씻어 속부분이 밑으로 가게 엎어 물기를 제거한다.

2 찹쌀가루 2큰술, 물 1컵을 넣고 잘 풀어 찹쌀풀을 만들어 식힌다.

조리 순서

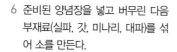

배추절임
확인

↓

찹쌀풀
만들기

↓

양념
만들기

↓

재료
썰기

↓

속재료
버무리기

↓

절여진
배추에
속 채우기

↓

겉잎 이용
하여 감싸
담아내기

3 무는 0.3×0.3×5cm 크기로 채썰어 고춧가루 1큰술을 넣고 버무려 고춧가루 물들인다.

4 실파, 갓, 미나리, 대파는 4cm 길이로 채썰고 마늘, 생강, 새우젓은 곱게 다진다.

5 찹쌀풀에 고춧가루 3큰술과 분량의 양념장을 넣어 양념장을 만든다.

6 준비된 양념장을 넣고 버무린 다음 부재료(실파, 갓, 미나리, 대파)를 섞어 소를 만든다.

point

1 배추가 잘 안 절여져 있는 경우 감싸지지 않으니 절여진 상태를 보고 재차 절인 후 헹궈 물기제거를 잘한다.

2 내용물의 배합비율이 적절하게 되도록 한다.

3 김치 버무리는 순서와 양념의 분량에 유의한다.

4 담아낼 때 잘 감싸진 부분이 보이게 담아낸다.

7 소를 배춧잎 사이사이에 고르게 펴 넣어 반을 접어 바깥잎으로 전체를 감싸 소가 빠지지 않고 공기가 들어가지 않도록 꼭 싸서 담아낸다.

33

김치조리

오이소박이

20분

● **주어진 재료를 사용하여 다음과 같이 오이소박이를 만드시오.**

가. 오이는 6cm길이로 3토막 내시오.

나. 오이에 3~4갈래 칼집을 넣을 때 양쪽 끝이 1cm 정도 남도록 하고, 절여 사용하시오.

다. 소를 만들 때 부추는 1cm 길이로 썰고, 새우젓은 다져 사용하시오.

라. 그릇에 묻은 양념을 이용하여 국물을 만들어 소박이 위에 부어내시오.

지급재료 목록

오이	가는것(20cm 정도)	개	1
부추		g	20
새우젓		g	10
대파	흰 부분(4cm 정도)	토막	1
마늘	중(깐 것)	쪽	1
생강		g	10
소금	정제염	g	50
고춧가루		g	10

● **양념**

다진 파, 마늘, 생강 약간, 고춧가루 1큰술, 새우젓국물 1큰술, 소금 약간

● **김치국물**

물 2큰술, 소금 약간, 소 넣고 남은 양념

1 오이는 소금으로 비벼 씻고 6cm 크기로 3개 썬다.

2 오이 양끝을 1cm 남기고 열십자 칼집을 내고 따뜻한 물에 소금 1큰술을 넣어 절인다. (오이 칼집 사이에 소금을 얹어 물에 뜨지 않게 그릇으로 눌러놓는다)

3 부추를 1cm 길이로 송송 썬다.
4 파, 마늘, 생강, 새우젓을 곱게 다진다.

배추절임
확인

5 고춧가루 1큰술, 물 1큰술, 새우젓 1작은술, 다진 파 1작은술, 마늘 1/2작은술, 생강 약간 넣고 부추를 섞어 소를 만든다.

찹쌀풀
만들기

양념
만들기

6 칼집 낸 오이가 잘 절여지면 물에 씻어 물기 제거 후 젓가락을 이용해 소를 넣고 표면에 묻은 양념 정리하여 그릇에 담는다.

point

1 진한 농도의 소금물에서 오이를 충분히 절여야 소를 넣을 때 오이가 부서지지 않는다.
2 완성된 오이소박이의 면을 잘랐을 때 칼집사이에 고르게 소가 들어가 있어야 한다.

재료
썰기

속재료
버무리기

7 소를 버무린 그릇에 물 2큰술을 붓고 소금 간을 한 후 김칫국물을 만들어 체에 거른다.

절여진
배추에
속 채우기

8 오이소박이 그릇에 담고 국물 2큰술을 촉촉하게 부어낸다.

겉잎 이용
하여 감싸
담아내기

NCS 원턴킬 한식조리기능사
실기시험문제

발 행 일	2025년 1월 05일 초판 1쇄 인쇄 2025년 1월 10일 초판 1쇄 발행
저　　자	윤경희 · 민경미 · 민경선 · 최입선 공저
발 행 처	 크라운출판사 http://www.crownbook.com
발 행 인	李尙原
신고번호	제 300-2007-143호
주　　소	서울시 종로구 율곡로13길 21
공 급 처	(02) 765-4787, 1566-5937
전　　화	(02) 745-0311~3
팩　　스	(02) 743-2688, 02) 741-3231
홈페이지	www.crownbook.co.kr
I S B N	978-89-406-4885-8 / 13590

특별판매정가 15,000원